施工现场十大员技术管理手册

试 验 员

(第二版)

潘全祥　主编

中国建筑工业出版社

图书在版编目(CIP)数据

试验员/潘全祥主编. —2版. —北京：中国建筑工业出版社,2004

（施工现场十大员技术管理手册）

ISBN 978-7-112-06840-1

Ⅰ.试… Ⅱ.潘… Ⅲ.①建筑工程—工程施工—技术手册②建筑材料—材料试验—技术手册 Ⅳ.TU712-62

中国版本图书馆CIP数据核字(2004)第099859号

施工现场十大员技术管理手册

试 验 员
（第二版）

潘全祥　主编

*

中国建筑工业出版社出版、发行（北京西郊百万庄）
各地新华书店、建筑书店经销
北京密东印刷有限公司印刷

*

开本：787×1092毫米　1/32　印张：9½　字数：214千字
2005年3月第二版　2012年5月第二十四次印刷
定价：**15.00**元

<u>ISBN 978-7-112-06840-1</u>
(12794)

版权所有　翻印必究
如有印装质量问题，可寄本社退换
（邮政编码　100037）

本书为《建筑工程施工人员培训长用速查手册》系列之一。根据《建筑工程施工质量验收统一标准》GB50300—2001 及相应专业施工质量验收规范的要求，对本教材进行了总体策划。本书是根据有关法律、市场需求和最新颁布的有关文件，施工现场施工员岗位培训的需要，为施工技术人员应知应会上岗生产与管理技术而编写的岗位培训教材。内容包括：施工员岗位素质要求、材料质量、施工机械与设备、施工现场应急及常见施工质量问题与预防等。

本书可供施工现场施工员学习参考，也可作为岗位培训及有关院校的参考教材。

＊　＊　＊

责任编辑：鞠丽丽
责任设计：壮梅
责任校对：李孟馨　王　雅

本书编写人员

主 编 潘吉荣

编写人员 潘吉荣 郑朝晖 冯勋堂

张立平 王艳庭 杨 名

张凹英 李 鹏 焦小亭

美术编辑

第二版说明

我社1998年出版了一套"施工现场十大员技术管理手册"(一套共10册)。该套丛书是供施工现场最基层的技术管理人员阅读的,他们的特点是工作忙、热情高、文化和专业水平有待提高,求知欲强。"丛书"发行6~7年来不断重印,总印数达40~50万册,受到读者好评。

当前,建筑业已进入一个新的发展时期:为建筑业监督管理体制改革鸣锣开道的《中华人民共和国建筑法》、《中华人民共和国招标投标法》、《建设工程质量管理条例》、《建设工程安全生产管理条例》,……等一系列国家法律、法规已相继出台;2000年以来,由建设部负责编制的《建筑工程施工质量验收统一标准》GB50300—2001和相关的14个专业施工质量验收规范也已全部颁布,全面调整了建筑工程质量管理和验收方面的要求。

为了适应这一新的建筑业发展形势,我社诚恳邀请这套丛书的原作者,根据6~7年来国家新颁布的建筑法律、法规和标准、规范,以及施工管理技术的新动向,对原丛书进行认真的修改和补充,以更好地满足广大读者、特别是基层技术管理人员的需要。

中国建筑工业出版社
2004年8月

第一版说明

目前,我国建筑业发展迅速,全国城乡到处都在搞基本建设,建筑工地(施工现场)比比皆是,出现了前所未有的好形势。

活跃在施工现场最基层的技术管理人员(十大员),其业务水平和管理工作的好坏,已经成为我国千千万万个建设项目能否有序、高效、高质量完成的关键。这些基层管理人员,工作忙、有热情,但目前的文化业务水平普遍还不高,其中有不少还是近期从工人中提上来的,他们十分需要培训、学习,也迫切需要有一些可供工作参考的知识性、资料性读物。

为了满足施工现场十大员对技术业务知识的需求,满足各地对这些基层管理干部的培训与考核,我们在深入调查研究的基础上,组织上海、北京有关施工、管理部门编写了这套"施工现场十大员技术管理手册"。它们是《施工员》、《质量员》、《材料员》、《定额员》、《安全员》、《测量员》、《试验员》、《机械员》、《资料员》和《现场电工》,书中主要介绍各种技术管理人员的工作职责、专业技术知识、业务管理和质量管理实施细则,以及有关专业的法规、标准和规范等,是一套拿来就能教、能学、能用的小型工具书。

中国建筑工业出版社
1998年2月

第二版前言

由于建筑行业发展迅速,为适应新的变化国家出台了许多新的法律、法规,还制订、修改了许多规范标准;施工中采用了大量的新技术、新工艺,引进了计算机管理,统一的试验报告格式。因此,对《试验员》一书作如下修改:全部采用新规范中(原材料试验中的水泥、钢筋、防水材料、外加剂、砖及砌块,施工试验中的混凝土、回填土、钢筋连接)试验报告表格的格式。增加了见证取样和送检制度,取消了施工试验中的沥青胶结材料。本书保持了第一版的特点,即通俗易懂、实用性强、可操作性好。本书可作为工地试验员培训的参考教材。

由于编者水平有限,不妥之处敬请各位同仁给予批评指正。

编 者
2004 年 6 月

第一版前言

建筑工地现场试验员是建筑工地必须配备的重要人员,现场试验员的技术素质、业务水平、所承担工作的胜任能力等对工程质量和施工过程的技术决策都有重大影响。本书根据有关省、市建筑主管部门的有关文件,施工现场试验员应符合下列要求:现场试验人员应由企业上级主管单位按试验项目培训考核,合格者发岗位合格证,无证者不得从事现场试验工作的精神编写了这本书,其内容包括工地试验员的工作内容,应知应会。按建设部及北京市建委的要求,对现场原材料取样、送试、混凝土及砂浆试块制作、养护、送试和简易土工、砂石等试验工作试验项目的填表、取单及复试送样处理等有关内容也有较详尽的说明。本书采用新规范、新标准、新计量。通俗易懂,实用性强,可操作性好。本书也可作为工地试验员培训的参考教材。

由于编者水平有限,不妥之处敬请各位同仁给予指正。

编 者
1998年1月

目 录

1 施工现场试验管理 ⋯⋯⋯⋯⋯⋯⋯⋯⋯⋯⋯⋯⋯⋯⋯⋯ 1
1.1 北京市建筑企业试验室管理办法 ⋯⋯⋯⋯⋯⋯⋯ 1
1.1.1 施工现场试验管理的要求 ⋯⋯⋯⋯⋯⋯⋯⋯⋯ 1
1.1.2 有关规定、规范与试验方法、目录 ⋯⋯⋯⋯⋯⋯ 1
1.1.3 主要常用建筑材料必试项目及有关标准 ⋯⋯⋯ 6
1.1.4 试验报告、记录、台账、目录 ⋯⋯⋯⋯⋯⋯⋯⋯ 10
1.1.5 建筑施工企业各级试验室条件和业务范围 ⋯⋯ 12
1.1.6 市政施工企业各级试验室条件和业务范围 ⋯⋯ 14
1.1.7 预制构件厂各级试验室条件和业务范围 ⋯⋯⋯ 15
1.1.8 商品混凝土搅拌站试验室条件和业务范围 ⋯⋯ 16
1.2 施工现场试验员职责范围 ⋯⋯⋯⋯⋯⋯⋯⋯⋯⋯ 16
1.3 施工现场试验员工作守则 ⋯⋯⋯⋯⋯⋯⋯⋯⋯⋯ 17

2 材料试验 ⋯⋯⋯⋯⋯⋯⋯⋯⋯⋯⋯⋯⋯⋯⋯⋯⋯⋯⋯ 18
2.1 水泥 ⋯⋯⋯⋯⋯⋯⋯⋯⋯⋯⋯⋯⋯⋯⋯⋯⋯⋯⋯ 18
2.1.1 常用水泥定义、品种、强度等级、标准代号和技术要求 ⋯⋯⋯⋯⋯⋯⋯⋯⋯⋯⋯⋯⋯⋯⋯⋯⋯⋯ 18
2.1.2 其他品种水泥定义、强度等级(标号)和技术要求 ⋯⋯ 21
2.1.3 有关规定 ⋯⋯⋯⋯⋯⋯⋯⋯⋯⋯⋯⋯⋯⋯⋯⋯ 40
2.1.4 水泥出厂质量合格证的验收和进场水泥的外观检查 ⋯⋯⋯⋯⋯⋯⋯⋯⋯⋯⋯⋯⋯⋯⋯⋯⋯⋯ 41
2.1.5 水泥的取样试验及试验报告 ⋯⋯⋯⋯⋯⋯⋯⋯ 42
2.1.6 整理要求 ⋯⋯⋯⋯⋯⋯⋯⋯⋯⋯⋯⋯⋯⋯⋯⋯ 45

- 2.1.7 注意事项 ·· 45
- 2.2 钢筋 ·· 46
  - 2.2.1 钢筋的分类、级别、代号、尺寸、外形及允许偏差 ······ 46
  - 2.2.2 钢筋的技术要求 ·· 50
  - 2.2.3 有关规定 ·· 56
  - 2.2.4 钢筋出厂质量合格证的验收和进场钢筋的外观质量检查 ·· 57
  - 2.2.5 钢筋的取样试验及试验报告 ························· 59
  - 2.2.6 整理要求 ·· 62
  - 2.2.7 注意事项 ·· 62
- 2.3 骨料 ·· 63
  - 2.3.1 砂的定义、分类和技术要求 ························· 63
  - 2.3.2 碎石及卵石定义、分类和技术要求 ················ 66
  - 2.3.3 有关规定 ·· 70
  - 2.3.4 砂石的取样试验及试验报告 ························· 71
  - 2.3.5 轻骨料 ·· 75
  - 2.3.6 整理要求 ·· 84
  - 2.3.7 注意事项 ·· 84
- 2.4 砖及砌块 ·· 85
  - 2.4.1 砌墙砖定义、分类、规格尺寸和技术要求 ········· 85
  - 2.4.2 砌块的规格、等级、适用范围及技术要求 ········ 103
  - 2.4.3 有关规定 ·· 115
  - 2.4.4 砖出厂质量证明书的验收和进场砖的外观质量检查 ··· 115
  - 2.4.5 砖的取样试验及其试验报告 ························· 116
  - 2.4.6 整理要求 ·· 119
  - 2.4.7 注意事项 ·· 119

2.5 防水材料 …………………………………………… 120
2.5.1 防水材料分类 ………………………………… 120
2.5.2 水性沥青基防水涂料 …………………………… 121
2.5.3 聚氨酯防水涂料 ……………………………… 122
2.5.4 溶剂型沥青基防水涂料 ………………………… 125
2.5.5 聚合物水泥防水涂料(JS防水涂料) …………… 126
2.5.6 弹性体改性沥青防水卷材 ……………………… 128
2.5.7 塑性体改性沥青防水卷材 ……………………… 132
2.5.8 三元乙丙防水卷材 …………………………… 135
2.5.9 聚氯乙烯防水卷材 …………………………… 137
2.5.10 氯化聚乙烯防水卷材 ………………………… 137
2.5.11 氯化聚乙烯-橡胶共混防水卷材 ……………… 139
2.5.12 整理要求 …………………………………… 140
2.5.13 注意事项 …………………………………… 141
2.6 外加剂 ………………………………………… 142
2.6.1 混凝土外加剂的分类、名称及定义 …………… 142
2.6.2 混凝土外加剂的代表批量 ……………………… 143
2.6.3 建筑结构工程(含现浇混凝土和预制混凝土构件)用的混凝土外加剂现场复试项目 ………………… 144
2.6.4 外加剂的选择、掺量、质量控制 ……………… 148
2.6.5 普通减水剂、高效减水剂及缓凝高效减水剂 …… 149
2.6.6 引气剂及引气减水剂 …………………………… 151
2.6.7 缓凝剂及缓凝减水剂 …………………………… 153
2.6.8 早强剂及早强减水剂 …………………………… 154
2.6.9 防冻剂 ………………………………………… 157
2.6.10 膨胀剂 ……………………………………… 161
2.6.11 泵送剂 ……………………………………… 166

2.6.12 防水剂 ………………………………… 168
  2.6.13 速凝剂 ………………………………… 169
  2.6.14 有关规定 ……………………………… 170
  2.6.15 外加剂出厂质量合格证的验收和进场产品
         的外观检查 ………………………… 172
  2.6.16 外加剂的试验及试验报告 …………… 172
  2.6.17 整理要求 ……………………………… 174
  2.6.18 注意事项 ……………………………… 174
 2.7 粉煤灰 …………………………………………… 175
  2.7.1 粉煤灰定义、品质指标及分类 ………… 175
  2.7.2 粉煤灰取样方法及数量 ………………… 175
  2.7.3 粉煤灰品必试项目 ……………………… 176
3 施工试验 …………………………………………… 177
 3.1 回填土 …………………………………………… 177
  3.1.1 取样 ……………………………………… 177
  3.1.2 试验及试验报告 ………………………… 178
  3.1.3 注意事项 ………………………………… 183
  3.1.4 整理要求 ………………………………… 183
  3.1.5 示例 ……………………………………… 183
 3.2 砌筑砂浆 ………………………………………… 185
  3.2.1 试配申请和配合比通知单 ……………… 185
  3.2.2 必试项目及试验、养护 ………………… 187
  3.2.3 抗压试验报告 …………………………… 188
  3.2.4 砂浆试块强度统计评定 ………………… 190
  3.2.5 注意事项 ………………………………… 191
  3.2.6 整理要求 ………………………………… 191
  3.2.7 示例 ……………………………………… 192

3.3 混凝土 ·············· 195
3.3.1 配合比申请单和配合比通知单 ·············· 195
3.3.2 混凝土必试项目及试验、养护 ·············· 199
3.3.3 抗压试验报告 ·············· 204
3.3.4 混凝土试块强度统计、评定 ·············· 207
3.3.5 回弹法评定混凝土抗压强度 ·············· 211
3.3.6 预拌混凝土 ·············· 214
3.3.7 防水混凝土 ·············· 215
3.3.8 轻骨料混凝土 ·············· 219
3.3.9 有特殊要求的混凝土 ·············· 220
3.3.10 整理要求 ·············· 221
3.3.11 注意事项 ·············· 222
3.3.12 示列 ·············· 223
3.4 钢筋接头(连接)试验 ·············· 228
3.4.1 钢筋接头(连接)方式、类型 ·············· 228
3.4.2 钢筋连接试验管理方面的要求 ·············· 228
3.4.3 焊接钢筋试件的取样方法和数量 ·············· 228
3.4.4 焊接钢筋必试项目 ·············· 233
3.4.5 焊接钢筋试验结果的评定 ·············· 234
3.4.6 钢筋机械连接接头的性能等级 ·············· 237
3.4.7 钢筋机械连接接头的检验形式 ·············· 238
3.4.8 钢筋机械连接的取样方法和数量 ·············· 238
3.4.9 钢筋机械连接工艺检验和现场检验必试项目及试验方法 ·············· 239
3.4.10 钢筋机械连接试验结果的计算和评定 ·············· 239
3.4.11 资料整理 ·············· 240
3.4.12 常见问题 ·············· 240
3.4.13 示例 ·············· 241

4 施工现场应具备仪器 ... 242
4.1 试模 ... 242
4.1.1 混凝土试模及数量(单位:mm) ... 242
4.1.2 砂浆试模(单位:mm) ... 242
4.2 环刀(单位:mm) ... 242
4.3 坍落度筒 ... 242
4.4 砂浆稠度仪 ... 243
4.5 天平 ... 243
4.6 其他 ... 243
5 施工现场标养室 ... 244
5.1 标养室的建立 ... 244
5.2 条件及设备 ... 244
5.2.1 条件 ... 244
5.2.2 设备 ... 244
5.3 标养室测温测湿记录 ... 245
6 有见证取样和送检制度 ... 246
6.1 北京市建设工程施工试验实行有见证取样和送检制度的暂行规定 ... 246
6.2 关于印发《北京市建设工程施工试验实行有见证取样和送检制度的暂行规定》的补充通知 ... 248
附件一 ... 249
附件二 ... 250
附件三 ... 251
附录 施工现场所需各种表格 ... 252
附录1 试验报告单、记录、台账 ... 254
附录2 单位工程原材料试验登记台账 ... 279
附录3 单位工程施工试验登记台账 ... 283
附录4 各种试验必试项目和取样方法及数量 ... 286

1 施工现场试验管理

1.1 北京市建筑企业试验室管理办法

1.1.1 施工现场试验管理的要求

1.1.1.1 施工现场可根据需要设立试验站,由现场技术部门领导,业务上受上一级有证试验室指导。现场试验站负责现场原材料取样、送试,混凝土及砂浆试块制作、养护、送试和简易土工、砂石等试验工作。

1.1.1.2 现场试验人员应由企业上级主管单位按试验项目培训考核,合格者发给岗位合格证,无证者不得从事现场试验工作。

1.1.1.3 现场试验工作应有适当的试验场所和试验设备,并且有混凝土、砂浆标准养护条件。

1.1.1.4 现场试验站应对试验和送试项目分别建立台账,经上一级试验室同意自行试验的项目,应经上一级试验室审查签章。

1.1.1.5 如试验结果不合格,现场试验站应及时向工程技术负责人报告。

1.1.2 有关规定、规范与试验方法、目录

1.1.2.1 钢材有关标准与试验方法

项次	标准号	名称
1	GB1499—98	钢筋混凝土用热轧带肋钢筋
2	GB13013—91	钢筋混凝土用热轧光圆钢筋
3	GB13014—91	钢筋混凝土用余热处理钢筋
4	GB13788—2000	冷轧带肋钢筋
5	GB/T701—1997	低碳钢热轧圆盘条
6	GB5223—95	预应力混凝土用钢丝
7	GB5224—95	预应力混凝土用钢绞线
8	GB4463—84	预应力混凝土用热处理钢筋
9	GB700—88	碳素结构钢
10	GB/T1591—94	低合金高强度结构钢
11	GB2975—98	钢筋力学及工艺性能试样取样规定
12	GB2101—89	型钢验收、包装、标志及质量证明书的一般规定
13	GB228—2002	金属材料室温拉伸试验方法
14	GB/T232—99	金属弯曲试验方法
15	GB235—88	金属反复弯曲试验方法
16	GB5029—85	钢筋平面反向弯曲试验方法
17	JGJ18—2003	钢筋焊接及验收规程
18	JGJ/T27—2001	钢筋焊接接头试验方法标准
19	GB2651—89	焊接接头拉伸试验方法
20	GB12219—89	钢筋气压焊
21	JGJ107—2003	钢筋机械连接通用技术规程
22	JGJ108—96	带肋钢筋套筒挤压连接技术规程
23	JGJ109—96	钢筋锥螺纹接头技术规程

1.1.2.2 水泥有关标准和试验方法

项次	标准号	名称
1	GB175—99	硅酸盐水泥、普通硅酸盐水泥
2	GB1344—99	矿渣硅酸盐水泥、火山灰质硅酸盐水泥及粉煤灰硅酸盐水泥
3	GB12958—99	复合硅酸盐水泥
4	GB176—96	水泥化学分析方法
5	GB1345—91	水泥细度检验方法
6	GB/T1346—2001	水泥标准稠度用水量、凝结时间、安定性检验方法
7	GB/T17671—99	水泥胶砂强度检验方法
8	GB12573—90	水泥取样方法
9	GB750—92	水泥压蒸安定性试验方法

1.1.2.3 砌体工程及屋面防水工程

项次	标准号	名称
1	GB/T5101—2003	烧结普通砖
2	GB11945—1999	蒸压灰砂砖
3	JC422—91	非烧结普通粘土砖
4	JC239—2001	粉煤灰砖
5	GB13544—2000	烧结多孔砖
6	GB13545—92	烧结空心砖和空心砌块
7	GB50203—2002	砌体工程施工质量验收规范
8	ZBQ15002—89	回弹仪评定烧结普通砖标号的方法
9	GBJ129—90	砌体基本力学性能试验方法标准
10	JC466—92	砌墙砖检验规则
11	GB/T2542—92	砌墙砖试验方法

续表

项次	标准号	名称
12	JGJ70—90	建筑砂浆基本性能试验方法
13	JC/T479—92	建筑生石灰
14	JC/T480—92	建筑生石灰粉
15	JC/T481—92	建筑消石灰粉
16	JC/T478.1—92	建筑石灰试验方法 物理试验方法
17	JC/T478.2—92	建筑石灰试验方法 化学分析方法
18	GB326—89	石油沥青纸胎油毡、油纸
19	GB328—89	沥青防水卷材试验方法
20	GB/T494—1998	建筑石油沥青
21	GB4507—1999	石油沥青软化点测定法
22	GB4508—1999	石油沥青延度测定法
23	GB4509—1998	石油沥青针入度测定法
24	GB12952—2003	聚氯乙烯防水卷材
25	GB12953—2003	氯化聚乙烯防水卷材
26	JC504—92	铝箔面油毡
27	BJ/RZ02	建筑防水卷材
28	JC/T560—94	弹性体沥青防水卷材
29	BJ/RZ03	沥青、焦油基防水涂料
30	BJ/RZ04	聚合物基防水涂料
31	JC408—91	水性沥青基防水涂料
32	JC482—92	聚氨酯建筑密封膏
33	JC500—92	聚氨酯防水涂料
34	JC483—92	聚硫建筑密封膏
35	JC484—92	丙烯酸酯建筑密封膏

续表

项次	标准号	名称
36	JC207—1996	建筑防水沥青嵌缝油膏
37	BJ/RZ05	无机防水堵漏材料
38	BJ/RZ06	非定型建筑密封防水材料
39	GB/T13477—92	建筑密封材料试验方法
40	GB18173.1—2000	高分子防水材料第一部分片材
41	SH0522—92	道路石油沥青

1.1.2.4 混凝土、轻骨料混凝土有关标准和试验方法

项次	标准号	名称
1	GB50204—2002	混凝土结构工程施工质量验收规范
2	JGJ55—2001	普通混凝土配合比设计技术规程
3	GB/T50081—2002	普通混凝土力学性能试验方法标准
4	GBJ82—85	普通混凝土长期性能和耐久性能试验方法
5	GB/T50080—2002	普通混凝土拌合物性能试验方法标准
6	GB50164—92	混凝土质量控制标准
7	GBJ107—87	混凝土强度检验评定标准
8	JGJ15—83	早期推定混凝土强度试验方法
9	JGJ52—92	普通混凝土用砂质量标准及检验方法
10	JGJ53—92	普通混凝土用碎石或卵石质量标准及检验方法
11	JGJ28—86	粉煤灰在混凝土和砂浆中应用技术规程
12	GB1596—91	用于水泥和混凝土中的粉煤灰
13	JGJ63—89	混凝土拌合用水标准
14	JGJ56—84	混凝土减水剂质量标准和试验方法
15	JC473—2001	混凝土泵送剂
16	JC474—1999	混凝土、砂浆防水剂

续表

项次	标 准 号	名　　　称
17	JC475—1998	混凝土防冻剂
18	JC476—2001	混凝土膨胀剂
19	JCJ51—2002	轻骨料混凝土技术规程
20	GB2838—81	粉煤灰陶粒和陶砂
21	GB2839—81	黏土陶粒和陶砂
22	GB2840—81	页岩陶粒和陶砂
23	GB2841—81	天然轻骨料
24	GB2842—81	轻骨料试验方法
25	TJT053—83	公路工程水泥混凝土试验规程
26	GBJ146—90	粉煤灰混凝土应用技术规范

1.1.3　主要常用建筑材料必试项目及有关标准

序号	名　称	必试项目	材质和试验有关标准	必要时需做项目
1	钢筋原材料 1)热轧钢筋 2)热处理钢筋 3)低碳钢热轧圆盘条 4)冷拔钢丝 5)冷拉钢筋 6)碳素钢丝 7)刻痕钢丝 8)钢绞线 9)冷轧带肋钢筋 10)碳素结构钢	1.拉力试验 ①屈服点或屈服强度σ_s或$\sigma_{0.2}$ ②抗拉强度σ_b ③伸长率δ_5、δ_{10}或δ_{100} 2.冷弯试验 3.反复弯曲试验	GB13013—91 GB1499—98 GB13014—91 GB701—97 GB228—2002 GB232—99 GB2101—89 GB50204—2002 JGJ19—92 GB5223—85 GB5224—85 GB238—88 GB2975—85 GB700—88 GB13788—92 GB235—88	化学分析 C(碳) S(硫) P(磷) Si(硅) Mn(锰) Ti(钛) V(钒)

续表

序号	名称	必试项目	材质和试验有关标准	必要时需做项目
2	钢筋焊接 1)闪光对焊	1)抗拉 2)弯曲	GB1499—98 GB13013—91	气压焊(弯曲试验)
	2)电阻点焊	1)抗剪 2)抗拉	GB13014—91 GB12219—89	
	3)电弧焊	抗拉	GB/T1591—94	
	4)电渣压力焊	抗拉	GB700—88 GB701—97	
	5)气压焊	抗拉	JGJ18—96	
	6)预埋件钢筋T型接头	抗拉	GB2651—89 JCJ27—2001	
	钢筋机械连接 1)套筒挤压	抗拉	JGJ107—2003	
	2)锥螺纹连接	抗拉	JGJ108—96 JGJ109—96	
3	水泥(六种常用水泥)	1)胶砂强度 2)安定性 3)凝结时间	GB1344—1999 GB175—1999 GB/T1346—2001 GB/T17671—1999 GB12573—90 GB203—78 GB1596—91	胶砂流动度
4	粉煤灰	1)细度 2)烧失量 3)需水量比	GB1596—91 GB176—1996 DBJ01—10—93	
5	砂	1)筛分析 2)含泥量 3)泥块含量	JGJ52—92	1)表观密度 2)紧密密度 3)堆积密度
6	碎石或卵石	1)筛分析 2)含泥量 3)泥块含量 4)针片状含量 5)压碎指标值	JGJ53—92	1)堆积密度 2)表观密度

续表

序号	名称	必试项目	材质和试验有关标准	必要时需做项目
7	轻骨料	1)筛分析 2)堆积密度 3)筒压强度 4)吸水率	GB2838—81 GB2839—81 GB2840—81 GB2841—81 GB2842—81 JC487—92 JCJ51—91	1)颗粒密度 2)软化系数
8	砌筑砂浆 1)配合比设计 2)试配 3)性能	1)拌合物性能 ①稠度 ②分层度 2)试块制作及标养 3)抗压强度	JGJ70—90 GB50203—2002 JC/T497—92 JC/T480—92 JC/T481—92 JC/T478.1—92 JC/T478.2—92	1)抗冻性 2)收缩
9	混凝土 1)配合比设计 2)试配 3)性能	1)拌合物性能 ①稠度(坍落度或维勃稠度) ②密度 2)制作试块及标养 3)抗压强度 4)干表观密度(轻骨料混凝土)	JGJ/T55—2001 GB/T5008—2002 GB/T5008—2002 GBJ82—85 GBJ1596—91 GB8076—87 GBJ107—87 JGJ63—89 GB50164—92 GB50204—2002 JGJ51—2002	1)抗渗 2)抗冻
10	混凝土外加剂 1)减水剂 2)早强剂 3)防冻剂 4)膨胀剂	1.固体含量 2.减水率 3.泌水率 4.抗压强度比 5.钢筋锈蚀	GB8076—87 GB8077—87 JC475—92 JCJ56—84 JC476—2001	1)含气量 2)凝结时间 3)坍落度损失 4)其他性能
11	烧结普通砖 硅酸盐砖	强度等级	GB5101—2003 GB/T2542—92 GB11945—1999 JC466—92 GB13545—92 GB13544—2000	1)抗冻 2)吸水率 3)砖砌体

续表

序号	名称	必试项目	材质和试验有关标准	必要时需做项目
11	烧结普通砖 硅酸盐砖	强度等级	GB50203—2002 JC239—2001 JC422—96 GBJ129—90	1)抗冻 2)吸水率 3)砖砌体
12	防水材料 1.水性沥青基防水涂料	1)延伸性 2)柔韧性 3)耐热性 4)不透水性 5)粘结性	涂料 JC408—91 JC500—92 BJ/RZ—03 BJ/RZ—04	
	2.聚氨酯防水涂料	1)拉伸强度 2)延伸率 3)低温柔性 4)不透水性	卷材 GB326—89 GB328.1—7—89 GB12952—91 GB18173.1—2000 JC504—92 JC564—92 BJ/RZ—01 BJ/RZ—02 密封材料 JC207—1996 JC482—92 JC483—92 GB/T13477—92 ZBQ24001—85 BG/RZ—06	
	3.石油沥青油毡	1)拉力 2)耐热度 3)不透水性 4)柔度		
	4.弹性体改性沥青防水卷材	1)拉力 2)延伸率 3)不透水性 4)耐热度 5)柔度		
	5.高分子防水材料第一部分,片材	1)拉伸强度 2)伸长率 3)不透水性 4)低温弯折性		
	6.聚氯乙烯、氯化聚乙烯防水卷材	1)拉伸强度 2)断裂伸长率 3)低温弯折 4)抗渗透性		
13	石油沥青	1)软化点 2)针入度 3)延度	GB494—98 SY1665—77 SH0522—92 GB4507—99 GB4508—99 GB4509—98	

续表

序号	名称	必试项目	材质和试验有关标准	必要时需做项目
14	回填土	干密度	GB50202—2002 GBJ201—83 GB/T50123—99 GBJ145—90	
15	市政土工试验		GB/T50123—99 JTJ051—93 市政工程施工技术规程	

1.1.4 试验报告、记录、台账、目录

表号		名称
新号	2003表	
B1	C4-10	水泥试验报告
B1-1		水泥试验记录
B1-2		水泥试验台账
B1-3	C4-14	混凝土掺合料试验记录
B1-4		粉煤灰试验报告
B2	C4-9	钢材试验报告
B2-1		钢筋原材试验记录
B2-2	C6-6	钢筋连接试验报告
B2-3		钢筋焊接试验记录
B2-4		碳硫分析记录
B2-5		比色法分析记录
B2-6		容量分析记录
B2-7		钢筋试验台账
B2-8		冷拉钢筋试验记录
B2-9		冷拉钢筋试验报告
B2-10		冷拉钢筋试验台账
B2-11		冷拔(冷轧带肋)钢丝试验记录
B2-12		冷拔(冷轧带肋)钢丝试验报告

续表

表号		名称
新号	2003表	
B2-13		冷拔(冷轧带肋)钢丝试验台账
B2-14		点焊钢筋抗剪、抗拉试验记录
B2-15		点焊钢筋抗剪、抗拉试验报告
B3	C4-17	砖(砌块)试验报告
B3-1		砖物理试验记录
B4	C4-11	砂试验报告
B4-1		砂试验记录
B5	C4-12	碎(卵)石试验报告
B5-1		碎(卵)石试验记录
B6	C4-18	轻骨料试验报告
B6-1		轻骨料试验记录
B7	C4-16	防水卷材试验报告
B7-1		防水卷材试验记录
B7-2		新型防水材料试验记录
B7-3	C4-15	防水涂料试验报告
B7-4		水性沥青基防水涂料试验记录
B8		沥青试验报告
B8-1		沥青试验记录
B8-2		沥青胶结材配合比申请单
B8-3		沥青胶结材试验报告
B8-4		沥青胶结材施工记录
B9	C6-5	回填土试验报告
B9-1		回填土试验记录
B9-2		级配砂石干密度试验记录
B9-3	C6-4	土工击实试验报告
B9-4		土工击实试验记录
B10		混凝土(砂浆)试块试压报告目录
B11	C6-8	砂浆抗压强度试验报告
B11-1	C6-7	砂浆配合比申请单
B11-2		砂浆试配记录
B11-3		砂浆抗压强度试验记录

11

续表

表号		名称
新号	2003表	
B12	C6-11	混凝土抗压强度试验报告
B12-1	C6-10	混凝土配合比申请单
B12-2		混凝土试配记录
B12-3		混凝土配合比通知单台账
B12-4		混凝土抗压强度试验记录
B12-5		混凝土试验台账
B13	C6-12	混凝土试块强度统计、评定记录(土建)
B13-1		混凝土试块强度统计、评定记录(构件)
B13-2		混凝土试块强度统计、评定汇总
B14		回弹法评定混凝土强度报告
B14-1		回弹法测试原始记录
B14-2		回弹法混凝土强度计算
B15	C6-13	混凝土抗渗试验报告
B15-1		混凝土抗渗试验记录
B16	C5-10	混凝土开盘鉴定
B17		混凝土施工及试块制作记录
B18		标准养护室温湿度记录
B19		设备率定台账
B20		原材料(焊件)来样登记台账
B21		试块来样登记台账
B22		申请配合比登记台账
B23		材料试验报告
B24		试验报告

1.1.5 建筑施工企业各级试验室条件和业务范围

项目	施工企业试验室等级		
	一	二	三
技术人员配备	1. 工程师职称以上技术人员为负责人 2. 有职称技术人员不少于3人 3. 有相应数量试验工人,持证上岗率不低于80%	1. 助理工程师职称以上技术人员为负责人 2. 有职称技术人员不少于2人 3. 有相应数量试验工人,持证上岗率不低于70%	1. 技术员职称以上人员为负责人 2. 有职称技术人员不少于2人 3. 有相应数量试验工人,持证上岗率不低于70%

续表

项目	施工企业试验室等级		
	一	二	三
试验设备	万能试验机；压力机；水泥软练设备1套；混凝土、砂浆试验设备；混凝土、砂浆、砖非破损检验设备；渗透仪；钢材化学分析设备；防水材料和涂料试验设备；混凝土、砂浆标准养护室；土工击实、密度试验等仪器；可控冰箱	万能试验机；压力机；水泥软练设备1套；混凝土、砂浆试验设备；渗透仪；土工击实、密度试验等仪器；防水材料和涂料试验设备；混凝土、砂浆标准养护室	万能试验机；压力机；水泥软练设备1套；混凝土、砂浆试验设备；混凝土、砂浆标准养护室；土工击实仪；防水材料和涂料试验设备
管理制度	1. 有健全的管理制度 2. 有完整的试验资料 3. 有齐全的试验标准、规范及试验方法	同左	同左
业务范围	1. 砂、石、砖、轻骨料、沥青、油毡等原材料 2. 水泥强度等级及有关项目 3. 混凝土、砂浆试配 4. 钢筋(含焊件)、混凝土力学性能、钢材化学分析 5. 混凝土、砂浆、砖非破损检验 6. 简易土工试验 7. 外加剂、掺合料、涂料防腐等试验 8. 混凝土抗渗、抗冻试验	1. 砂、石、砖、轻骨料、沥青、油毡等原料 2. 水泥强度等级及有关项目 3. 混凝土、砂浆试配 4. 钢筋(含焊件)、混凝土力学试验 5. 混凝土抗渗试验 6. 简易土工试验	1. 砂、石、砖、沥青、油毡等原材料 2. 水泥强度等级及有关项目 3. 混凝土、砂浆试配 4. 钢筋(含焊件)、混凝土力学试验 5. 简易土工试验

1.1.6 市政施工企业各级试验室条件和业务范围

项目	市政施工企业试验室等级		
	一	二	三
技术人员配备	1. 工程师职称以上技术人员为负责人 2. 有职称技术人员不少于3人 3. 有相应数量试验工人,持证上岗率不低于80%	1. 助理工程师职称以上技术人员为负责人 2. 有职称技术人员不少于2人 3. 有相应数量试验工人,持证上岗率不低于70%	1. 技术员职称以上技术人员为负责人 2. 有职称技术人员不少于2人 3. 有相应数量试验工人,持证上岗率不低于70%
试验设备	万能试验机;压力机;水泥软练设备1套;混凝土、砂浆试验设备;混凝土、砂浆非破损检验设备;混凝土、砂浆标准养护室;钢材化学分析设备;渗透仪;土工、沥青试验设备;可控冰箱	万能试验机;压力机;水泥软练设备1套;混凝土、砂浆标准养护室;渗透仪;土工试验、沥青试验设备	万能试验机;压力机;混凝土、砂浆试验设备;混凝土、砂浆标准养护室;土工、沥青试验设备;水泥软练设备1套
管理制度	1. 有健全的管理制度 2. 有完整的试验资料 3. 有齐全的试验标准、规范及试验方法	同左	同左
业务范围	1. 砂、石、砖、沥青等原材料 2. 水泥强度等级及有关项目 3. 混凝土、砂浆试配 4. 钢筋、混凝土力学性能试验 5. 土工试验 6. 混凝土抗渗试验、抗冻试验 7. 混凝土非破损检验 8. 道路用材料试验	1. 砂、石、砖、沥青等原材料 2. 水泥强度等级及有关项目 3. 混凝土、砂浆试配 4. 钢筋、混凝土力学性能试验 5. 土工试验 6. 混凝土抗渗试验 7. 道路用材料试验	1. 砂、石、沥青等原材料 2. 水泥强度等级及有关项目 3. 混凝土、砂浆试配 4. 钢筋、混凝土力学性能试验 5. 土工试验 6. 路基材料一般试验

1.1.7 预制构件厂各级试验室条件和业务范围

项目	预制构件厂试验室等级		
	一	二	三
技术人员配备	1. 工程师职称以上技术人员为负责人 2. 有职称技术人员不少于3人 3. 有相应数量试验工人,持证上岗率不低于80%	1. 助理工程师职称以上技术人员为负责人 2. 有职称技术人员不少于2人 3. 有相应数量试验工人,持证上岗率不低于70%	1. 技术员职称以上技术人员为负责人 2. 有职称技术人员不少于2人 3. 有相应数量试验工人,持证上岗率不低于70%
试验设备	万能试验机;压力机;水泥软练设备1套;钢筋弯曲机;钢材化学分析设备;混凝土试验设备;钢丝应力测定仪及检验设备;混凝土标准养护室;结构检验设备;可控冰箱;渗透仪(兼营商品混凝土);收缩仪(根据需要)	万能试验机;压力机;水泥软练设备1套;混凝土试验设备;混凝土标准养护室;钢筋弯曲机;结构检验设备;钢丝应力测定仪	万能试验机;压力机;水泥软练设备1套;混凝土试验设备;混凝土标准养护室;结构检验设备(预应力短向板);钢丝应力测定仪(预应力短向板)
管理制度	1. 有健全的管理制度 2. 有完整的试验资料 3. 有齐全的试验标准、规范及试验方法	同左	同左
业务范围	1. 砂、石、轻骨料、外加剂等原材料 2. 水泥强度等级及有关项目 3. 混凝土试配 4. 钢筋(含焊件)、混凝土力学试验、钢材化学分析 5. 构件结构检验 6. 张拉设备和应力测定仪的校检 7. 根据需要对特种混凝土作冻融、渗透、收缩等试验	1. 砂、石、轻骨料、外加剂等原材料 2. 水泥强度等级及有关项目 3. 混凝土试配 4. 钢筋(含焊件)、混凝土力学试验 5. 构件结构检验	1. 砂、石、外加剂等原材料 2. 水泥强度等级及有关项目 3. 混凝土试配 4. 钢筋(含焊件)、混凝土力学试验 5. 构件结构检验(预应力短向板)

1.1.8 商品混凝土搅拌站试验室条件和业务范围

项　　目	商品混凝土搅拌站试验室等级(合格)
技术人员配备	1. 工程师职称以上技术人员为负责人 2. 有职称技术人员不少于2人 3. 有相应数量的试验工人,持证上岗率不低于80%
试验设备	压力机;水泥软练设备1套;混凝土试验设备;外加剂试验设备;混凝土标准养护室;渗透仪;可控冰箱(据需要)
管理制度	1. 有健全的管理制度 2. 有完整的试验资料 3. 有相应的试验标准、规范、试验方法
业务范围	1. 砂、石、外加剂等原材料 2. 水泥强度等级及有关项目 3. 混凝土试配及主要力学性能试验(抗渗、抗冻) 4. 外加剂有关项目试验

1.2 施工现场试验员职责范围

1.2.1 结合工程实际情况,及时委托各种原材料试验,提出各种配合比申请,根据现场实际情况调整配合比。各种原材料的取样方法、数量必须按现行标准规范及有关规定执行。委托各种原材料试验,必须填写委托试验单。委托试验单的填写必须项目齐全,字迹清楚,不得涂改。项目内容包括:材料名称、产品牌号、产地、品种、规格、到达数量、使用单位、出厂日期、进场日期、试件编号、要求试验项目。

钢材试验,除按上述要求填写外,凡送焊接试件者,必须注明钢的原材试验编号。原材与焊接试件不在同一试验室试验,尚需将原材试验结果抄在附件上。

1.2.2 随机抽取施工过程中的混凝土、砂浆拌合物,制作施工强度检验试块。试块制作时必须有试块制作记录。试块必须按单位工程连续统一编号。试块应在成型 24h 后用墨笔注明委托单位、制模日期、工程名称及部位、强度等级及试件编号,然后拆模。凡需在标养室养护的试块,拆模后立即进行标准养护。

1.2.3 及时索取试验报告单,转交给工地有关技术人员。

1.2.4 统计分析现场施工的混凝土、砂浆强度及原材料的情况。

1.2.5 在砂浆和混凝土施工时,要预先试验测定砂石含水率,在技术主管指导下,计算和发布分盘配合比并填写混凝土开盘鉴定,记录施工现场环境温度和试块养护温湿度。

1.2.6 委托试验结果不合格,应按规定送样进行复试。复试仍不合格,应将试验结论报告技术主管,及时研究处理办法。

1.3 施工现场试验员工作守则

1.3.1 热爱试验工作,不断进行业务学习,提高业务水平。必须严格按照规范、规定、标准认真执行。

1.3.2 工作认真,不辞辛苦,认真做好施工试验记录,定期做整理总结。

1.3.3 试验、取样工作中不弄虚作假,不敷衍应付,遵守职业道德,对工程的全部试验数据敢于做出保证。

1.3.4 搞好和材料供应、施工班组的协作关系,当好技术主管的得力助手,把好工程质量这一关。

2 材料试验

2.1 水 泥

2.1.1 常用水泥定义、品种、强度等级、标准代号和技术要求

建筑工程常用的水泥有：硅酸盐水泥、普通硅酸盐水泥(GB175—1999)、矿渣硅酸盐水泥、火山灰质硅酸盐水泥及粉煤灰硅酸盐水泥(GB1344—1999)等五种。

2.1.1.1 定义与强度等级：见表2-1

常用水泥定义、品种、强度等级　　　　表2-1

名　称	定　　　　义	强度等级
硅酸盐水泥	凡由硅酸盐水泥熟料、0~5%石灰石或粒化高炉矿渣、适量石膏磨细制成的水硬性胶凝材料，称为硅酸盐水泥(即国外通称的波特兰水泥)。硅酸盐水泥分两种类型，不掺加混合材料的称Ⅰ型硅酸盐水泥，代号P·Ⅰ。在硅酸盐水泥熟料粉磨时掺加不超过水泥重量5%石灰石或粒化高炉渣混合材料的称Ⅱ型硅酸盐水泥，代号P·Ⅱ	42.5 42.5R 52.5 52.5R 62.5 62.5R
普通硅酸盐水泥	凡由硅酸盐水泥熟料、6%~15%混合材料、适量石膏磨细制成的水硬性胶凝材料，称为普通硅酸盐水泥(简称普通水泥)，代号P·O。活性混合材料时，最大掺量不得超过15%，其中允许用不超过水泥重量5%的窑灰或不超过水泥重量10%的非活性混合材料来代替。掺非活性混合材料时最大掺量不得超过水泥重量10%	32.5 32.5R 42.5 42.5R 52.5 52.5R

续表

名　　称	定　　义	强度等级
矿渣硅酸盐水泥	凡由硅酸盐水泥熟料和粒化高炉矿渣、适量石膏磨细制成的水硬性胶凝材料称为矿渣硅酸盐水泥(简称矿渣水泥),代号 P·S。水泥中粒化高炉矿渣掺加量以重量百分比计为 20%～70%。允许用石灰石、窑灰、粉煤灰和火山灰质混合材料中的一种材料代替矿渣,代替数量不得超过水泥重量的 8%,替代后水泥中粒化高炉矿渣不得少于 20%	32.5 32.5R 42.5 42.5R 52.5 52.5R
火山灰质硅酸盐水泥	凡由硅酸盐水泥熟料和火山灰质混合材料、适量石膏磨细制成的水硬性胶凝材料称为火山灰质硅酸盐水泥(简称火山灰水泥),代号 P·P。水泥中火山灰质混合料掺加量按重量百分比计为 20%～50%	
粉煤灰硅酸盐水泥	凡由硅酸盐水泥熟料和粉煤灰、适量石膏磨细制成的水硬性胶凝材料称为粉煤灰硅酸盐水泥(简称粉煤灰水泥),代号 P·F。水泥中粉煤灰掺加量按重量百分比计为 20%～40%	

2.1.1.2　技术要求:

(1)氧化镁:熟料中氧化镁的含量不得超过 5.0%,如果水泥经压蒸安定性试验合格,则水泥中氧化镁的含量允许放宽到 6.0%。

(2)三氧化硫:矿渣水泥中三氧化硫含量不得超过 4.0%,硅酸盐水泥、普通水泥、火山灰水泥、粉煤灰水泥中三氧化硫含量不得超过 3.5%。

(3)细度:硅酸盐水泥比表面积大于 $300m^2/kg$,其他四种水泥 $80\mu m$ 方孔筛筛余不得超过 10.0%。

(4)凝结时间:硅酸盐水泥初凝不得早于 45min,终凝不得迟于 6.5h。其他四种水泥初凝不得早于 45min,终凝不得迟于 10h。

(5)不溶物:Ⅰ型硅酸盐水泥中不溶物不得超过 0.75%;

Ⅱ型硅酸盐水泥中不溶物不得超过1.50%。

(6)烧失量:Ⅰ型硅酸盐水泥中烧失量不得大于3.0%,Ⅱ型硅酸盐水泥中烧失量不得大于3.5%。普通水泥中烧失量不得大于5.0%。

(7)安定性:用沸煮法检验必须合格。

(8)强度:水泥强度等级按规定龄期的抗压强度和抗折强度来划分,各强度等级水泥的各龄期强度不得低于表2-2数值。

强度指标(MPa) 表2-2

品 种	强度等级	抗 压 强 度		抗 折 强 度	
		3d	28d	3d	28d
硅酸盐水泥	42.5	17.0	42.5	3.5	6.5
	42.5R	22.0	42.5	4.0	6.5
	52.5	23.0	52.5	4.0	7.0
	52.5R	27.0	52.5	5.0	7.0
	62.5	28.0	62.5	5.0	8.0
	62.5R	32.0	62.5	5.5	8.0
普通水泥	32.5	11.0	32.5	2.5	5.5
	32.5R	16.0	32.5	3.5	5.5
	42.5	16.0	42.5	3.5	6.5
	42.5R	21.0	42.5	4.0	6.5
	52.5	22.0	52.5	4.0	7.0
	52.5R	26.0	52.5	5.0	7.0
矿渣水泥、火山灰水泥、粉煤灰水泥	32.5	10.0	32.5	2.5	5.5
	32.5R	15.0	32.5	3.5	5.5
	42.5	15.0	42.5	3.5	6.5
	42.5R	19.0	42.5	4.0	6.5
	52.5	21.0	52.5	4.0	7.0
	52.5R	23.0	52.5	4.5	7.0

2.1.2 其他品种水泥定义、强度等级(标号)和技术要求

2.1.2.1 其他品种水泥名称及其规范号如下:

(1)快硬硅酸盐水泥(GB199—90);

(2)抗硫酸盐硅酸盐水泥(GB748—1996);

(3)白色硅酸盐水泥(GB2015—91);

(4)铝酸盐水泥(高铝水泥)(GB201—2000);

(5)中热硅酸盐水泥;低热矿渣硅酸盐水泥(GB200—2003);

(6)低热微膨胀水泥(GB2938—1997);

(7)砌筑水泥(GB/T3138—2003);

(8)复合硅酸盐水泥(GB12958—1999);

(9)快凝快硬硅酸盐水泥(JC314—82);

(10)石膏矿渣水泥(建标31—61);

(11)硅酸盐膨胀水泥(建标55—61);

(12)快硬硫铝酸盐水泥(JC714—1996);

(13)特快硬调凝铝酸盐水泥(ZBQ11002—85);

(14)膨胀硫铝酸盐水泥(ZBQ11007—87);

(15)无收缩快硬硅酸盐水泥(ZBQ11009—88);

(16)磷渣硅酸盐水泥(ZBQ11008—88);

(17)Ⅰ型低碱度硫铝酸盐水泥(ZBQ11003—86(90))。

2.1.2.2 快硬硅酸盐水泥定义、标号和技术要求:

(1)定义与标号:

1)定义:凡以硅酸盐水泥熟料和适量石膏磨细制成的,以3d抗压强度表示标号的水硬性胶凝材料,称为快硬硅酸盐水泥(简称快硬水泥)。

2)标号:快硬水泥的标号以3d抗压强度来表示,分为325、375和425三个标号。

(2)技术要求:

1)氧化镁:熟料中氧镁含量不得超过 0.5%。如水泥压蒸安定性试验合格,则熟料氧化镁的含量允许放宽到 6.0%。

2)三氧化硫:水泥中三氧化硫的含量不得超过 4.0%。

3)细度:0.080mm 方孔筛筛余不得超过 10%。

4)凝结时间:初凝不得早于 45min,终凝不得迟于 10h。

5)安定性:用沸煮法检验合格。

6)强度:各龄期强度均不得低于表 2-3 数值。

2.1.2.3 抗硫酸盐硅酸盐水泥定义、标号和技术要求:

(1)定义与标号:

1)定义:

(A)中抗硫酸盐硅酸盐水泥

以适当成分的硅酸盐水泥熟料,加入适量石膏,磨细制成的具有抵抗中等浓度硫酸根离子侵蚀的水硬性胶凝材料,称为中抗硫酸盐硅酸盐水泥。简称中抗硫水泥。代号 P·MSR。

(B)高抗硫酸盐硅酸盐水泥

以适当成分的硅酸盐水泥熟料,加入适量石膏,磨细制成的具有抵抗较高浓度硫酸根离子侵蚀的水硬性胶凝材料,称为高抗硫酸盐硅酸盐水泥。简称高抗硫水泥。代号 P·HSR。

注:天然石膏应符合 GB/T5483—1996 中 G 类或 A 类,品位等级为三级以上的石膏。

2)标号:

中抗硫水泥和高抗硫水泥分为 425、525 两个标号。

强 度 指 标　　　表2-3

标号	抗压强度(MPa)			抗折强度(MPa)		
	1d	3d	28d	1d	3d	28d
325	15.0	32.5	52.5	3.5	5.0	7.2
375	17.0	37.5	57.5	4.0	6.0	7.5
425	19.0	42.5	62.5	4.5	6.4	8.0

(2)技术要求

1)硅酸三钙和铝酸三钙：

水泥中硅酸三钙(C_3S)和铝酸三钙(C_3A)含量应符合：

中抗硫水泥 $C_3S<55.0\%$(m/m)，$C_3A<5.0\%$(m/m)；

高抗硫水泥 $C_3S<50.0\%$(m/m)，$C_3A<3.0\%$(m/m)。

2)烧失量：水泥中烧失量不得超过3.0%(m/m)。

3)氧化镁：水泥中氧化镁含量不得超过5.0%(m/m)。如果水泥经过压蒸安定性试验合格，则水泥中氧化镁含量允许放宽到6.0%(m/m)。

4)碱含量：水泥中碱含量按 $Na_2O+0.658K_2O$ 计算值来表示，若使用活性骨料，用户要求提供低碱水泥时，水泥中的碱含量不得大于0.60%或由供需双方商定。

5)三氧化硫：水泥中三氧化硫的含量不得超过2.5%(m/m)。

6)不溶物：水泥中的不溶物不得超过1.50%(m/m)。

7)比表面积：水泥比表面积不得小于280m^2/kg。

8)凝结时间：初凝不得早于45min，终凝不得迟于10h。

9)安定性：用沸煮法检验，必须合格。

10)强度：水泥标号按规定龄期的抗压强度和抗折强度来划分，各标号水泥的各龄期强度不得低于表2-4数值。

强 度 指 标（MPa）　　　　　表2-4

水泥标号	中抗硫、高抗硫水泥			
	抗压强度		抗折强度	
	3d	28d	3d	28d
425	16.0	42.5	3.5	6.5
525	22.0	52.5	4.0	7.0

2.1.2.4 白色硅酸盐水泥定义、技术要求及产品分级：

(1)定义：

由白色硅酸盐水泥熟料加入适量石膏,磨细制成的水硬性胶凝材料称为白色硅酸盐水泥(简称白水泥)。

磨制时,允许加入不超过水泥重量5%的石灰石或窑灰作为外加物。

水泥粉磨时允许加入不损害水泥性能的助磨剂,加入量不得超过水泥重量的1%。

(2)技术要求：

1)氧化镁：熟料中氧化镁的含量不得超过4.5%。

2)三氧化硫：水泥中三氧化硫的含量不得超过3.5%。

3)细度：0.080mm方孔筛筛余不得超过10%。

4)凝结时间：初凝不得早于45min,终凝不得迟于12h。

5)安定性：用沸煮法检验必须合格。

6)强度：各标号各龄期强度不得低于表2-5数值。

强 度 指 标　　　　　表2-5

标 号	抗压强度(MPa)			抗折强度(MPa)		
	3d	7d	28d	3d	7d	28d
325	14.0	20.5	32.5	2.5	3.5	5.5
425	18.0	26.5	42.5	3.0	4.5	6.5
525	23.0	33.5	52.5	4.0	5.5	7.0
625	28.0	42.0	62.5	5.0	6.0	8.0

7)白度:白水泥白度分为特级、一级、二级、三级,各等级白度不得低于表2-6数值。

白 度 分 级　　　　表2-6

等　级	特　级	一　级	二　级	三　级
白度(%)	86	84	80	75

(3)产品分等:

产品分为优等品、一等品和合格品,产品等级如表2-7。

白水泥产品等级　　　　表2-7

白水泥等级	白　度 级　别	标　号
优　等　品	特　级	625 525
一　等　品	一　级	525 425
一　等　品	二　级	525 425
合　格　品	二　级	425
合　格　品	三　级	425 325

2.1.2.5　铝酸盐水泥(高铝水泥)定义、标号及技术要求:

(1)定义:

凡以铝酸钙为主的铝酸盐水泥熟料磨制的水硬性胶凝材料,称为铝酸盐水泥。

(2)强度等级

铝酸盐水泥的强度等级系按本标准规定的强度检验方法测得的3d抗压强度表示,分为32.5、42.5、52.5和62.5四个等级。

(3)细度:

0.080mm方孔筛筛余不得超过10%。

注:水泥细度允许用比表面积来代替,按《水泥比表面积测定方法》测定不得小于2400cm^2/g,如有争论,以筛析法为准。

(4)凝结时间:

初凝不得早于40min,终凝不得迟于10h。

(5)强度:

各龄期强度不得低于表2-8数值。

强 度 指 标   表2-8

水泥强度等级	抗压强度(MPa)		抗折强度(MPa)	
	1d	3d	1d	3d
32.5	11.0	32.5	2.5	3.5
42.5	36.0	42.5	4.0	4.5
52.5	46.0	52.5	5.0	5.5
62.5	56.0	62.5	6.0	6.5

28d的强度应预测定,其实测值不得低于同等级的3d指标。

(6)化学成分:

$SiO_2 \leqslant 10\%$,$Fe_2O_3 \leqslant 3\%$。

2.1.2.6 中热硅酸盐水泥、低热矿渣硅酸盐水泥定义、标号及技术要求:

(1)中热硅酸盐水泥:以适当成分的硅酸盐水泥熟料,加入适量石膏,磨细制成的具有中等水化热的水硬性胶凝材料,称为中热硅酸盐水泥。

低热矿渣硅酸盐水泥:以适当成分的硅酸盐水泥熟料,加入矿渣、适量石膏,磨细制成的具有低水化热的水硬性胶材料,称为低热矿渣硅酸盐水泥。水泥中矿渣掺加量按重量百分比计为 20%~60%,允许用不超过混合材总量 50%的磷渣或粉煤灰代替部分矿渣。

注:1. 矿渣、磷渣和石膏必须分别符合 GB302、GB6645 和 GB5483 的规定。粉煤灰应符合 GB1596 的规定,并当用户提出低碱要求时,碱含量以 $Na_2O(Na_2O+0.658K_2O)$ 当量表示不大于 2.0%。采用工业副产石膏时,必须经过试验,并呈报省、市、自治区建材工业主管部门批准。

2. 磨制水泥时允许加入不损害水泥性能的助磨剂,加入量不超过水泥重量的 1%。

(2)强度等级

中热水泥为 42.5 级;低热矿渣水泥为 32.5 级。

(3)技术要求:

1)铝酸三钙和硅酸三钙:熟料中的铝酸三钙含量对于中热水泥不得超过 6%;对于低热矿渣水泥不得超过 8%。熟料中硅酸三钙含量对于中热水泥不得超过 55%。

2)氧化镁:熟料中氧化镁含量不得超过 5%。如水泥经压蒸安定性试验合格,允许放宽到 6%。

3)游离氧化钙:生产中热水泥时,熟料中游离氯化钙含量不得超过 1.0%;生产低热矿渣水泥时,熟料中游离氧化钙含量不得超过 1.2%。

4)碱:碱含量由供需双方商定。当水泥在混凝土中和骨料可能发生有害反应并经用户提出低碱要求时,中热水泥熟料中的碱含量以 $Na_2O(Na_2O+0.658K_2O)$ 当量表示不得超过 0.6%,低热矿渣水泥熟料中的碱含量不得超过 1.0%。

5)三氧化硫:水泥中的三氧化硫含量不得超过 3.5%。

6)细度:0.080mm 方孔筛筛余不得超过 12%。

7)凝结时间:初凝不得早于 60min,终凝不得迟于 12h。

8)安定性:水泥安定性必须合格。

9)强度:各龄期强度值不得低于表 2-9 数值。

水泥的强度等级指标(MPa)　　　　表2-9

品　种	强度等级	抗压强度			抗折强度		
		3d	7d	28d	3d	7d	28d
中热水泥	42.5	12.0	22.0	42.5	3.0	4.5	6.5
低热矿渣水泥	32.5	—	12.0	32.5	—	3.0	5.5

10)水化热:各龄期水化热不得超过表2-10数值。

水泥强度等级的各龄期水化热(kJ/kg)　　表2-10

品　种	强度等级	水　化　热	
		3d	7d
中热水泥	42.5	251	293
低热矿渣水泥	32.5	197	230

2.1.2.7　低热微膨胀水泥定义、标号及技术要求:

(1)定义:

凡以粒化高炉矿渣为主要组分,加入适量硅酸盐水泥熟料和石膏,磨细制成的具有低水化热和微膨胀性能的水硬性胶凝材料,称为低热微膨胀水泥。

(2)标号:

分为325、425两个标号。

(3)技术要求:

1)三氧化硫:水泥中三氧化硫的含量应为4%~7%。

2)比表面积:水泥比表面积不得小于300m²/kg。

3)凝结时间:初凝不得早于45min,终凝一般不得迟于12h,也可由生产单位和使用单位商定。

4)安定性:用沸煮法检验,必须合格。

5)强度:各龄期强度均不得低于表2-11数值。

强度指标 表2-11

水泥标号	抗压强度（MPa）		抗折强度（MPa）	
	7d	28d	7d	28d
325	17.0	32.5	4.5	6.5
425	26.0	42.5	6.0	8.0

6) 水化热：各龄期水化热均不得超过表2-12数值。

水化热指标 表2-12

水泥标号	水化热（kJ/kg）	
	3d	7d
325	170	190
425	185	205

注：在特殊情况下，水化热指标允许由生产单位和使用单位商定。

7) 线膨胀率：水泥净浆试体水中养护时各龄期膨胀率应符合以下要求：

1d不得小于0.05%；

7d不得小于0.10%；

28d不得大于0.60%。

2.1.2.8 砌筑水泥定义、强度等级及技术要求：

(1) 定义：

凡由活性混合材料或具有水硬性的工业废料为主要原料，加入少量硅酸盐水泥熟料和石膏，经磨细制成的水硬性胶凝材料，称为砌筑水泥。代号：M。

(2) 强度等级：

分为12.5、22.5二个等级。

(3) 技术要求：

1) 三氧化硫：水泥中三氧化硫含量不得超过4.0%。

2)细度:0.080mm方孔筛筛余不得超过10%。

3)凝结时间:初凝不得早于60min,终凝不得迟于12h。

4)安定性:用沸煮法检验,必须合格。

5)强度:各龄期强度均不得低于表2-13数值。

砌筑水泥强度指标　　表2-13

水泥等级	抗压强度(MPa)		抗折强度(MPa)	
	7d	28d	7d	28d
12.5	7.0	12.5	1.5	3.0
22.5	10.0	22.5	2.0	4.0

2.1.2.9　复合硅酸盐水泥定义、强度等级及技术要求:

(1)定义:

凡由硅酸盐水泥熟料、两种或两种以上规定的混合材料、适量石膏磨细制成的水硬性胶凝材料,称为复合硅酸盐水泥(简称复合水泥)。水泥中混合材料总掺加量按质量百分比应大于15%,不超过50%。

水泥允许用不超过8%的窑灰代替部分混合材料,掺矿渣时混合材料掺量不得与矿渣硅酸盐水泥重复。

(2)强度等级

强度等级分32.5、32.5R、42.5、42.5R、52.5、52.5R六个等级。

(3)技术要求:

1)氧化镁:熟料中氧化镁的含量不得超过5.0%。如水泥经压蒸安定性试验合格,则熟料中氧化镁的含量允许放宽到6.0%。

2)三氧化硫:水泥中三氧化硫的含量不得超过3.5%。

3)细度:80μm方孔筛筛余不得超过10%。

4)凝结时间:初凝不得早于45min,终凝不得迟于10h。

5)安定性:用沸煮法检验必须合格。

6)强度:32.5级、42.5级、52.5级水泥按早期强度分两种类型。各强度等级、各类型水泥的各龄期强度不得低于表2-14数值:

强 度 指 标　　表2-14

强度等级	抗压强度(MPa)		抗折强度(MPa)	
	3d	28d	3d	28d
32.5	11.0	32.5	2.5	5.5
32.5R	16.0	32.5	3.5	5.5
42.5	16.0	42.5	3.5	6.5
42.5R	21.0	42.5	4.0	6.5
52.5	22.0	52.5	4.0	7.0
52.5R	26.0	52.5	5.0	7.0

2.1.2.10　快凝快硬硅酸盐水泥:

(1)定义:

凡以适当成分的生料,烧至部分熔融,所得以硅酸三钙、氟铝酸钙为主的熟料,加入适量的硬石膏、粒化高炉矿渣、无水硫酸钠,经过磨细制成的一种凝结快、小时强度增长快的水硬性胶凝材料,称为快凝快硬硅酸盐水泥。

(2)标号:

快凝快硬硅酸盐水泥的标号系按4h强度而定,分为双快—150、双快—200两个标号。

(3)技术要求:

1)氧化镁:熟料中氧化镁的含量不得超过5.0%。

2)三氧化硫:水泥中三氧化硫的含量不得超过9.5%。

3)细度:水泥比表面积不得低于4500cm^2/g。

4)凝结时间:初凝不得早于 10min,终凝不得迟于 60min。
5)安定性:用沸煮法检验,必须合格。
6)强度:按本标准规定的强度试验方法检验,各龄期强度均不得低于表 2-15 数值。

强 度 指 标　　　　　　表 2-15

水泥标号	抗压强度(MPa)			抗折强度(MPa)		
	4h	1d	28d	4h	1d	28d
双快—150	15	19	32.5	2.8	3.5	5.5
双快—200	20	25	42.5	3.4	4.6	6.4

2.1.2.11　石膏矿渣水泥定义、标号及技术要求:

(1)定义:

凡将干燥的粒化高炉矿渣(一般为 80% 左右)加 15% 左右的石膏(天然二水石膏,煅烧至 600~750℃ 的无水石膏或天然无水石膏等)和少量硅酸盐水泥熟料(一般不超过 8%)或石灰(一般不超过 5%)一起粉磨或分别粉磨再经混合后所得到的水硬性胶凝材料,称为石膏矿渣水泥(即矿渣硫酸盐水泥)。

(2)标号:

石膏矿渣水泥分为六个标号:200 号、250 号、300 号、400 号、500 号和 600 号。上述标号系按本标准规定的强度检验方法的 28d 抗压强度为准。

(3)技术要求:

1)细度:4900 孔/cm^2 筛上的筛余不得超过 10%;

2)凝结时间:初凝不得早于 30min,终凝不得迟于 12h;

3)体积安定性:试饼在湿箱(温度 20±5℃)中养护 24±2h 后,浸水(水温为 20±3℃)六昼夜,其体积变化必须均匀;

4)强度:按本标准规定的强度检验方法进行试验,试体经 24h 湿空气养护后(湿度大于 90%)脱模浸水养护(水温 20±3℃),各龄期强度均不得低于表 2-16 中的数值。

强 度 指 标　　　表 2-16

水泥标号	抗拉强度（MPa）		抗压强度（MPa）	
	7d	28d	7d	28d
200	1.2	1.9	9.0	20.0
250	1.3	2.0	11.0	25.0
300	1.5	2.2	14.0	30.0
400	1.9	2.5	19.0	40.0
500	2.3	2.8	27.0	50.0
600	2.7	3.2	37.0	60.0

2.1.2.12 硅酸盐膨胀水泥定义、标号及技术要求：

(1)定义：

凡以适当的硅酸盐水泥熟料、膨胀剂和石膏，按一定比例混合粉磨而制得的水硬性胶凝材料，称为硅酸盐膨胀水泥。

硅酸盐膨胀水泥的特性，在水中硬化时体积增大，在湿气中硬化的最初 3d 内应不收缩或有微小的膨胀。

(2)标号：

硅酸盐膨胀水泥分为三个标号：即 400 号、500 号和 600 号。

(3)技术要求：

1)细度：用 4900 孔/cm^2 的标准筛检定，其筛余不得大于 10%。

2)凝结时间：初凝不得早于 20min，终凝不得迟于 10h。

注：如因需要，经使用部门要求和制造部门同意，凝结时间的规定可以变动。

3)体积安定性：

(A)蒸煮法试验时，体积变化必须均匀。

(B)浸水法试验时，28d 体积变化必须均匀。

注:试饼经浸水法试验后,如发现表面有脱皮现象,但无裂缝或弯曲现象时,应作为体积安定。

4)强度:按本标准规定的强度检验方法试验,各龄期强度均不得低于表2-17中的数值。

强 度 指 标　　表2-17

标号	抗拉强度（MPa）			抗压强度（MPa）		
	3d	7d	28d	3d	7d	28d
400	1.2	1.7	2.3	16.0	26.0	40.0
500	1.5	2.0	2.6	22.0	35.0	50.0
600	1.7	2.3	2.9	26.0	42.0	60.0

5)膨胀率:按本标准规定的线膨胀试验方法试验,膨胀率为:

(A)水中养护:1d的膨胀率不得小于0.3%;28d的膨胀率不得大于1.0%,且又不得大于3d的70%。

(B)湿气养护(湿度>90%):最初3d内不应有收缩。

注:如因需要,经使用部门的要求和制造部门同意,膨胀率的规定可以变动。

6)不透水性:按本标准规定的不透水性试验方法试验,在8个大气压力下完全不透水。

注:如不使用在防水工程中,可以不作透水性试验。

7)化学成分:水泥中三氧化硫的含量不得大于5%。

2.1.2.13 快硬硫铝酸盐水泥定义、标号及技术要求:

(1)定义:

凡以适当成分的生料,经煅烧所得以无水硫铝酸钙和硅酸二钙为主要矿物成分的熟料,加入适量石膏磨细制成的早期强度高的水硬性胶凝材料,称为快硬硫铝酸盐水泥。

(2)标号：

快硬硫铝酸盐水泥的标号以 3d 抗压强度表示，分为 425、525、625 和 725 四个标号。

(3)技术要求：

1)游离氧化钙：水泥中不允许出现游离氧化钙。

2)比表面积：比表面积不得低于 $350m^2/kg$。

3)强度：各龄期强度均不得低于表 2-18 数值。

强度指标　　　　　　　　表 2-18

标号	抗压强度(MPa)			抗折强度(MPa)		
	1d	3d	28d	1d	3d	28d
425	34.5	42.5	48.0	6.5	7.0	7.5
525	44.0	52.5	58.0	7.0	7.5	8.0
625	52.5	62.5	68.0	7.5	8.0	8.5
725	59.0	72.5	78.0	8.0	8.5	9.0

4)凝结时间：初凝不得早于 25min，终凝不得迟于 3h。

2.1.2.14 特快硬调凝铝酸盐水泥定义、标号及技术要求：

(1)定义：

以铝酸一钙为主要成分的水泥熟料，加入适量硬石膏促硬剂，经磨细制成的，凝结时间可调节、小时强度增长迅速、以硫铝酸钙盐为主要水化物的水硬性胶凝材料，称为特快硬调凝铝酸盐水泥。

磨制水泥时允许加入不超过重量 1.0% 的木炭作助磨剂。

(2)标号：

水泥标号以 2h 抗压强度表示，定 225 一个标号。

(3)技术要求：

1)三氧化硫:水泥中三氧化硫的含量不得低于7.0%,不得超过11.0%。

2)比表面积:水泥比表面积不得低于 5000cm²/g。

3)凝结时间:初凝不得早于 2min,终凝不得迟于 10min;加入水泥重量 0.2%酒石酸钠作缓凝剂时,初凝不得早于 15min,终凝不得迟于 40min。

4)强度:各龄期强度不得低于表 2-19 数值。

强 度 指 标　　　　表 2-19

水泥标号	抗压强度		抗折强度	
	MPa			
	2h	1d	2h	1d
225	22.06	34.31	3.43	5.39

注:在用户要求时才检测 28d 抗压、抗折强度,其值分别不低于 53.92MPa 和 7.35MPa。

2.1.2.15 膨胀硫铝酸盐水泥定义、标号及技术要求:

(1)定义:

凡以适当成分的生料,经煅烧所得以无水硫铝酸钙和硅酸二钙为主要矿物成分的料,加入适量二水石膏磨细制成的具有可调膨硅性能的水硬性胶凝材料,称为膨胀硫铝酸盐水泥。

(2)分类:

以水泥自由膨胀率值划分,分为微膨胀硫铝酸盐水泥和膨胀硫铝酸盐水泥两类。

(3)标号:

两类膨胀硫铝酸盐水泥的标号均以 28d 抗压强度表示,定为 525 一个标号。

(4)技术要求:

1)游离氧化钙:水泥中不允许出现游离氧化钙。
2)比表面积:比表面积不得低于 400m²/kg。
3)凝结时间:初凝不得早于 30min,终凝不得迟于 3h。
4)强度:各龄期强度不得低于表 2-20 数值。

强 度 指 标　　　　表 2-20

分 类	抗 压 强 度 (MPa)			抗 折 强 度 (MPa)		
	1d	3d	28d	1d	3d	28d
微膨胀水泥	31.4	41.2	51.5	4.9	5.9	6.9
膨胀水泥	27.5	39.2	51.5	4.4	5.4	6.4

5)水泥自由膨胀率:微膨胀水泥净浆试体 1d 自由膨胀率不得小于 0.05%,28d 自由膨胀率不得大于 0.5%。

膨胀水泥净浆试体 1d 自由膨胀率不得小于 0.10%,28d 不得大于 1.00%。

2.1.2.16 无收缩快硬硅酸盐水泥定义、标号及技术要求:

(1)定义:

凡以硅酸盐水泥为熟料,与适量的二水石膏和膨胀剂共同粉磨制成的具有快硬、无收缩性能的水硬性胶凝材料,称为无收缩快硬硅酸盐水泥(又称"浇筑水泥")。

(2)标号:

以 28d 抗压强度表示,分 525、625、725 三个标号。

(3)技术要求:

1)氧化镁:熟料中氧化镁的含量不得超过 5.0%。
2)三氧化硫:水泥中三氧化硫的含量不超过 3.5%。
3)细度:0.08mm 方孔筛筛余不得超过 10%。
4)凝结时间:初凝不得早于 30min,终凝不得迟于 6h。
5)安定性:用沸煮法检验,必须合格。

6)膨胀率:水泥净浆试件水中养护,各龄期自由膨胀率应符合以下要求:1d 不小于 0.02%,28d 不得大于 0.3%。

7)强度:各龄期强度均不得低于表 2-21 数值。

强 度 指 标　　　　表 2-21

标号	抗压强度(MPa)			抗折强度(MPa)		
	1d	3d	28d	1d	3d	28d
525	13.7	28.4	51.5	3.4	5.4	7.1
625	17.2	34.3	61.3	3.9	5.9	7.8
725	20.6	41.7	71.1	4.4	6.4	8.6

2.1.2.17　磷渣硅酸盐水泥定义。标号及技术要求:

(1)定义:

凡由硅酸盐水泥熟料、粒化电炉磷渣和适量石膏磨细制成的水硬性胶凝材料称为磷渣硅酸盐水泥。水泥中磷渣掺加量按重量百分比计算为 20%~40%。

允许用火山灰质混合材料(包括粉煤灰)、石灰石和窑灰中的任何一种材料或用粒化高炉矿渣、火山灰质混合材料(包括粉煤灰)、石灰石和窑灰中的任两种材料代替部分磷渣,代替的总量不得超过混合材料总量的 1/3。其中石灰石不得超过 10%,窑灰不得超过 8%。替代后水泥中磷渣掺量不得少于 20%。此时,混合材料总掺量仍不得超过 40%。

(2)标号:

分 325,425,525 三个标号。

(3)技术要求:

1)氧化镁:熟料中氧化镁的含量不得超过 5.0%。如水泥经压蒸安定性试验合格,则熟料中氧化镁的含量允许放宽到 6.0%。

2)三氧化硫:水泥中三氧化硫含量不得超过4.0%。

3)烧失量:水泥中烧失量旋窑厂不得超过5.0%,立窑厂不得超过7.0%。

4)细度:0.080mm方孔筛筛余不得超过12%。

5)凝结时间:初凝不得早于45min,终凝不得迟于12h。

6)安定性:用沸煮法检验,必须合格。

7)强度:各龄期强度不得低于表2-22数值。

强度指标 表2-22

标 号	抗压强度(MPa)		抗折强度(MPa)	
	7d	28d	7d	28d
325	14.7	31.9	3.2	5.4
425	20.6	41.7	4.1	6.3
525	28.4	51.5	4.9	7.1

2.1.2.18 Ⅰ型低碱度硫铝酸盐水泥定义、标号及技术要求:

(1)定义:

Ⅰ型低碱度水泥是以无水硫铝酸钙为主要成分的硫铝酸盐水泥熟料,配以一定量的硬石膏磨细而成,具有碱度较低特性的水硬性胶凝材料。

(2)标号:

Ⅰ型低碱度水泥分为525、425和325三个标号。

(3)技术要求:

1)比表面积:不得低于450m^2/kg。

2)凝结时间:初凝不得早于25min,终凝不得迟于3h。

3)强度:各龄期强度均不得低于表2-23数值。

强度指标　　　　　　表2-23

标号	抗压强度（MPa）			抗折强度（MPa）		
	3d	7d	28d	3d	7d	28d
525	29.4	39.2	51.5	3.9	4.9	5.4
425	19.6	29.4	41.7	2.9	3.9	4.4
325	11.8	19.6	31.9	2.5	3.4	3.9

4）水泥碱度：灰水比为1：10的水泥浆液，1h的pH值不得大于10.5。

5）水泥自由膨胀率：1：2.5砂浆28d自由膨胀率不得大于0.15%。用圆网抄取法工艺生产玻璃纤维增强水泥制品时，自由膨胀率可由用户与生产厂协商决定。

2.1.3 有关规定

2.1.3.1 水泥出厂质量合格证和试验报告单应及时整理，试验单填写做到字迹清楚，项目齐全、准确、真实，且无未了事项。

2.1.3.2 水泥出厂质量合格证和试验报告单不允许涂改、伪造，随意抽撤或损毁。

2.1.3.3 水泥质量必须合格，应先试验后使用，要有出厂质量合格证或试验单。需采取技术处理措施的，应满足技术要求并应经有关技术负责人批准（签字）后方可使用。

2.1.3.4 合格证、试（检）验单或记录单的抄件（复印件）应注明原件存放单位，并有抄件人、抄件（复印）单位的签字和盖章。

2.1.3.5 水泥应有生产厂家的出厂质量证明书，并应对其品种、强度等级（标号）、包装（或散装仓号）和出厂日期等检查验收。

2.1.3.6 有下列情况之一者，必须进行复试，混凝土应重新试配。

(1)用于承重结构的水泥;

(2)无出厂证明的;

(3)水泥出厂超过3个月(快硬硅酸盐水泥为1个月)复试合格可按复试强度使用;

(4)对水泥质量有怀疑的;

(5)进口水泥。

2.1.3.7 水泥复试项目:抗压强度、抗折强度。

2.1.4 水泥出厂质量合格证的验收和进场水泥的外观检查

2.1.4.1 水泥出厂质量合格证的验收:水泥出厂质量合格证应由生产厂家的质量部门提供给使用单位,作为证明其产品质量性能的依据,生产厂应在水泥发出日期起7d内寄发并在32d内补报28d强度。资料员应及时催要和验收。水泥出厂质量合格证中应含品种、强度等级(标号)、出厂日期、抗压强度、抗折强度、安定性、初凝时间、试验标准等项内容和性能指标,各项应填写齐全,不得错漏。水泥强度应以标养28d试件试验结果为准,故28d强度补报单为合格证的重要部分,不能缺少。

如批量较大,而厂方提供合格证少时,可制作复印件备查或做抄件,抄件应注明原件证号、存放处,并有抄件人签字及抄件日期。水泥质量合格证备注栏内由施工单位填明单位工程名称及工程使用部位,并加盖水泥厂印章。

2.1.4.2 进场水泥的外观检查:

水泥进场应进行外观检查。

(1)标志:

水泥袋上应清楚标明:工厂名称、生产许可证编号、品种、名称、代号、强度等级(标号)、包装年、月、日和编号。掺火山灰质混合材料的普通水泥还应标上"掺火山灰"字样,散装水泥应提交与袋标志相同内容的卡片和散装仓号,设计对水泥有特殊要求时,应查是否与设计要求相符。

(2)包装:

抽查水泥的重量是否符合规定。绝大部分水泥每袋净重为 50±1kg,但以下品种的水泥每袋净重略有不同:

1)快凝快硬硅酸盐水泥:每袋净重为:45±1kg。

2)砌筑水泥:每袋净重为:40±1kg。

3)硫铝酸盐早强水泥:每袋净重为:46±1kg。

注意袋装水泥的净重,以保证水泥的合理运输和掺量。

产品合格证检查:检查产品合格证的品种、标号等指标是否符合要求,进货品种是否和合格证相符。

2.1.4.3 水泥外观检查:

进场水泥应查看是否受潮、结块、混入杂物或不同品种、标号的水泥混在一起,检查合格后入库贮存。

2.1.5 水泥的取样试验及试验报告

2.1.5.1 水泥试验的取样方法和数量

(1)水泥试验应以同一水泥厂、同强度等级(标号)、同品种、同一生产时间、同一进场日期的水泥,200t 为一验收批。不足 200t 时,亦按一验收批计算。

(2)每一验收批取样一组,数量为 12kg。

(3)取样要有代表性,一般可以从 20 个以上的不同部位或 20 袋中取等量样品,总数至少 12kg,拌和均匀后分成两等份,一份由试验室按标准进行试验,一份密封保存备校验用(要用专用工具:内径为 19mm 的 6 分管长 30cm,前端锯成斜口磨锐)。

(4)散装水泥:对同一水泥厂生产的同期出厂的同品种、同标号的水泥,以一次进厂(场)的同一出厂编号的水泥为一批,但一批总量不得超过500t。随机地从不少于 3 个车罐中各采取等量水泥,经混拌均匀后,再从中称取不少于12kg水泥作检验试样。

(5)建筑施工企业应分别按单位工程取样。

2.1.5.2 常用五种水泥的必试项目

(1)水泥胶砂强度(抗压强度、抗折强度)。

(2)水泥安定性。

(3)初凝时间、终凝时间。

必要时试验项目:

检验标准见各种水泥的技术要求。

2.1.5.3 水泥试验单的内容、填制方法和要求

水泥试验报告单表样如表2-24。

水泥试验报告单中,委托单位、工程名称、水泥品种及强度等级、出厂编号及日期、厂别牌号、代表数量、来样日期等应由委托人(工地试验员)填写。其他部分由试验室依据试验结果进行填写。

水泥试验报告单是判定一批水泥材质是否合格的依据,是施工技术资料的重要组成部分,属保证项目。报告单要求做到字迹清楚,项目齐全、准确、真实,无未了项(没有项目写"无"或划斜杠),试验室的签字盖章齐全。如试验中某项填写错误,不允许涂抹,应在错项上划一斜杠,将正确的填写在其上方,并在此处加盖错者印章和试验章。

领取水泥试验报告单时,应该看试验项目是否齐全,必试项目不能缺少(强度以 28d 龄期为准),试验室有明确结论和试验编号,签字盖章齐全。还要注意看试验单上各试验项目数据是否达到规范规定的标准值,是则验收存档,否则及时报有关人员处理,并将处理结论附于此单后一并存档。

水泥试验报告 表2-24

水泥试验报告 表 C4-10		编 号	
^	^	试验编号	
^	^	委托编号	
工程名称		试样编号	
委托单位		试验委托人	
品种及 强度等级		出厂编号 及日期	厂别牌号
代表数量(t)		来样日期	试验日期

<table>
<tr><td rowspan="11">试
验
结
果</td><td colspan="2">一、细度</td><td>1.80μm方孔筛余量</td><td colspan="5">%</td></tr>
<tr><td colspan="2"></td><td>2.比表面积</td><td colspan="5">m²/kg</td></tr>
<tr><td colspan="2">二、标准稠度
用水量(P)</td><td colspan="6">%</td></tr>
<tr><td colspan="2">三、凝结时间</td><td>初凝</td><td colspan="2">h min</td><td>终凝</td><td colspan="2">h min</td></tr>
<tr><td colspan="2">四、安定性</td><td>雷氏法</td><td colspan="2">mm</td><td>饼法</td><td colspan="2"></td></tr>
<tr><td colspan="2">五、其他</td><td colspan="6"></td></tr>
<tr><td colspan="8">六、强度(MPa)</td></tr>
<tr><td colspan="4">抗折强度</td><td colspan="4">抗压强度</td></tr>
<tr><td colspan="2">3d</td><td colspan="2">28d</td><td colspan="2">3d</td><td colspan="2">28d</td></tr>
<tr><td>单块值</td><td>平均值</td><td>单块值</td><td>平均值</td><td>单块值</td><td>平均值</td><td>单块值</td><td>平均值</td></tr>
<tr><td></td><td></td><td></td><td></td><td></td><td></td><td></td><td></td></tr>
</table>

结论:								
批 准			审 核			试 验		
试验单位								
报告日期								

本表由试验单位提供,建设单位、施工单位、城建档案馆各保存一份。

44

2.1.6 整理要求

2.1.6.1 此部分资料应归入原材料、半成品、成品出厂质量证明和质量试(检)验报告分册中;

2.1.6.2 合格证应折成16开大小或贴在16开纸上;

2.1.6.3 一验收批水泥的合格证和试验报告,按批组合,按时间先后顺序排列并编号,不得遗漏;

2.1.6.4 建立分目录表,并能对应一致。

2.1.7 注意事项

2.1.7.1 水泥出厂质量合格证应有生产厂家质量部门的盖章;

2.1.7.2 生产厂家的水泥28d强度补报单不能缺少;

2.1.7.3 水泥试验报告应有试验编号(以便与试验室的有关资料查证核实),要有明确结论,签章齐全;

2.1.7.4 一定要验看试验报告中各项目的实测数值是否符合规范规定的标准值;

2.1.7.5 注意水泥的有效期(一般为3个月,快硬硅酸盐水泥为1个月),过期必须做复试。连续施工的工程相邻两次水泥试验的时间不应超过其有效期;

2.1.7.6 如水泥强度有问题,根据试验报告的数据可降低强度等级(标号)使用,但须经有关技术负责人批准(签字)后方可使用,且应注明使用工程项目及部位。如水泥安定性不合格,则此水泥为废品,绝对不能使用;

2.1.7.7 水泥出厂合格证和试验报告按规定不能缺少并能与实际使用的水泥批次相符合;

2.1.7.8 要与其他施工技术资料对应一致,交圈吻合,见图2-1。

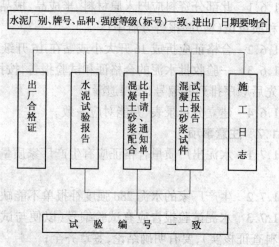

图 2-1 施工技术资料系统示意图

2.2 钢　筋

2.2.1 钢筋的分类、级别、代号、尺寸、外形及允许偏差

2.2.1.1 钢筋的分类

(1)按化学成分分:热轧碳素钢和普通低合金钢。

$$\text{热轧碳素钢}\begin{cases}\text{低碳钢 } C<0.25\% \\ \text{中碳钢 } 0.25\%<C<0.6\% \\ \text{高碳钢 } C>0.6\%\end{cases}$$

低碳钢和中碳钢中具有明显的屈服点,强度低,质韧而软,称为软钢。高碳钢无明显的屈服点,强度高,质韧而硬称之为硬钢。碳素钢即低碳钢和中碳钢。

(2)按加工工艺分:

46

1)热轧钢筋:按其强度由低到高可分为Ⅰ、Ⅱ、Ⅲ、Ⅳ四个级别;

2)热处理钢筋;

3)冷拉钢筋;

4)钢丝。

2.2.1.2 钢筋的牌号

热轧直条光圆钢筋牌号为 HPB235。热轧带肋钢筋的牌号由 HRB 和牌号的屈服点最小值构成。H、R、B 分别为热轧(Hotrolled)、带肋(Ribbed)、钢筋(Bars)3个词的英文首位字母。它分为 HRB335、HRB400、HRB500 三个牌号。

2.2.1.3 钢筋的尺寸、外形及允许偏差

(1)热轧圆盘条

1)盘条的公称直径为:5.5、6.0、6.5、7.0、8.0、9.0、10.0、11.0、12.0、13.0、14.0mm。根据供需双方协议也可生产其他尺寸的盘条。

2)盘条的直径允许偏差不大于 ±0.45mm,不圆度(同一横截面上最大直径与最小直径的差值)不大于 0.45mm。

3)标记示例:

用 Q235A·F 轧制的供拉丝用直径为 6.5mm 的盘条标记为:

盘条 Q235A·F—L6.5—GB701

(2)热轧直条光圆钢筋

1)公称直径范围及推荐直径:钢筋的公称直径范围为 8～20mm,本标准推荐的钢筋公称直径为 8、10、12、16、20mm。

2)公称截面积与公称重量:钢筋的公称横截面积与公称重量列于表 2-25。

公称截面积与公称重量　　　　　　　　表 2-25

公称直径(mm)	公称截面面积(mm²)	公称重量(kg/m)
8	50.27	0.395
10	78.54	0.617
12	113.1	0.888
14	153.9	1.21
16	201.1	1.58
18	254.5	2.00
20	314.2	2.47

注：表中公称重量密度按 7.85g/cm³ 计算。

3）光圆钢筋的尺寸允许偏差：

（A）光圆钢筋的直径允许偏差和不圆度应符合表 2-26 的规定。

（B）长度及允许偏差：

直径允许偏差与不圆度　　　　　　　　表 2-26

公称直径(mm)	直径允许偏差(mm)	不圆度不大于(mm)
≤20	±0.40	0.40

通常长度：钢筋按直条交货时，其通常长度为 3.5～12m，其中长度为 3.5m 至小于 6m 之间的钢筋不得超过每批重量的 3%。

定尺、倍尺长度：钢筋按定尺或倍尺长度交货时，应在合同中注明。其长度允许偏差不得大于 +50mm。

弯曲度：钢筋每米弯曲度应不大于 4mm，总弯曲度不大于钢筋总长度的 0.4%。

4）重量及允许偏差：

（A）交货重量：钢筋可按公称重量或实际重量交货。

（B）重量允许偏差：根据需方要求，钢筋按重量偏差交货时,其实际重量与公称重量的允许偏差应符合表 2-27 的规定。

实际重量与公称重量的允许偏差 表 2-27

公 称 直 径（mm）	实际重量与公称重量的偏差(%)
8~12	±7
14~20	±5

(3)热轧带肋钢筋

1)公称直径范围及推荐直径:钢筋的公称直径范围为 8~50mm,推荐的钢筋公称直径为 8、10、12、16、20、25、32 和 40mm。

2)公称横截面积与公称重量:钢筋的公称横截面积与公称重量列于表 2-28。

公称横截面积与公称重量 表 2-28

公称直径(mm)	公称横截面面积(mm^2)	公称重量(kg/m)	公称直径(mm)	公称横截面面积(mm^2)	公称重量(kg/m)
8	50.27	0.395	22	380.1	2.98
10	78.54	0.617	25	490.9	3.85
12	113.1	0.888	28	615.8	4.83
14	153.9	1.21	32	804.2	6.31
16	201.1	1.58	36	1018	7.99
18	254.5	2.00	40	1257	9.87
20	314.2	2.47	50	1964	15.42

注:表中公称重量按密度为 $7.85g/cm^3$ 计算。

3)长度及允许偏差:

(A)通常长度:钢筋按直条交货时,其通常长度为 3.5~12m,其中长度为 3.5m 至小于 6m 之间的钢筋不得超过每批重量的 3%。

带肋钢筋以盘卷钢筋交货时每盘应是一整条钢筋,其盘重及盘径应由供需双方协商。

(B)定尺、倍尺长度:钢筋按定尺或倍尺长度交货时,应在合同中注明。其长度允许偏差不应大于+50mm。

4)弯曲度:钢筋每米弯曲度不应大于4mm,总弯曲度不大于钢筋总长度的0.4%。

5)重量及允许偏差:

(A)交货重量:钢筋可按实际重量或公称重量交货。

(B)重量允许偏差:根据需方要求,钢筋按重量偏差交货时,其实际重量与公称重量的允许偏差应符合表2-29的规定。

实际重量与公称重量的允许偏差　　表2-29

公称直径(mm)	实际重量与公称重量的偏差(%)
8~12	±7
14~20	±5
22~40	±4

2.2.2 钢筋的技术要求

2.2.2.1 热轧圆盘条

(1)牌号及化学成分:

盘条的牌号及化学成分(熔炼分析)应符合表2-30规定。

牌号及化学成分　　表2-30

牌号		化学成分 (%)					脱氧方法	用途
		C	Mn	Si	S	P		
					不大于			
Q195		0.06~0.12	0.25~0.50	0.30	0.050	0.045	F.b.z	拉丝
Q215	A	0.09~0.15	0.25~0.55	0.30	0.050	0.045	F.b.z	拉丝
	B				0.045			
Q235	A	0.14~0.22	0.30~0.65	0.30	0.050	0.045	F.b.z	建筑
	B	0.12~0.20	0.30~0.70		0.045			

沸腾钢硅含量不大于 0.07%；半镇静钢硅含量不大于 0.17%；镇静钢硅含量下限为 0.12%。Q235 沸腾钢锰含量上限为 0.60%。

钢中残余元素铬、镍、铜含量应各不大于 0.30%，氧气转炉钢的氮含量应不大于 0.008%。如供方能保证，均可不做分析。

经供需双方同意，A 级钢的铜含量，可不大于 0.35%。此时，供方应做铜含量的分析，并在质量证明书中注明其含量。

钢中砷的含量应不大于 0.080%。用含砷矿冶炼生铁所冶炼的钢，砷含量由供需双方协议规定。如原料中没有砷，对钢中砷含量可不做分析。

在保证盘条力学性能符合本标准规定情况下，各牌号 A 级钢的碳、锰含量和各牌号 B 级钢碳、锰含量下限可以不作为交货条件，但其含量(熔炼分析)应在质量证明书中注明。

化学分析成份偏差应符合 GB222 中有关规定。沸腾钢化学成分允许偏差不作保证。

经供需双方协议，可供应其他牌号的盘条。

(2)力学性能和工艺性能：

供拉丝用盘条的力学性能和工艺性能应符合表 2-31 规定。

力学性能和工艺性能　　　　表 2-31

牌 号	力 学 性 能		冷弯试验，180° d = 弯心直径 a = 试样直径
	抗拉强度 σ_b (MPa)不大于	伸长率 δ(10%) 不小于	
Q195	390	30	$d = 0$
Q215	420	28	$d = 0$
Q235	490	23	$d = 0.5a$

经需方同意并在合同中注明，供拉丝用的盘条亦可按化学成分交货。

供建筑及包装等用途的盘条力学性能和工艺性能应符合表 2-32 规定。

力学性能和工艺性能　　　　表 2-32

牌号	力　学　性　能			冷弯试验,180° d = 弯心直径 a = 试样直径	用　途
	屈服点 σ_s （MPa） 不小于	抗拉强度 σ_b(MPa) 不小于	伸长率 δ(10%) 不小于		
Q215	215	375	27	$d = 0$	供包装 等用
Q235	235	410	23	$d = 0.5a$	供建筑用

(3) 表面质量：

盘条表面不得有裂纹、折叠、结疤、耳子、分层及夹杂,允许有压痕及局部的凸块、凹坑、划痕、麻面,但其深度或高度(从实际尺寸算起)不得大于 0.20mm。

盘条表面氧化铁皮重量不大于 16kg/t,如工艺有保证,可不做检查。

2.2.2.2　热轧直条光圆钢筋

(1) 牌号及化学成分：

1) 钢的牌号及化学成分(熔炼分析)应符合表 2-33 的规定。

牌号及化学成分　　　　表 2-33

表面 形状	牌号	化　学　成　分（%）				
		C	Si	Mn	P	S
					不大于	
光圆	HPB235(Q235)	0.14~ 0.22	0.12~ 0.30	0.30~ 0.65	0.045	0.050

2) 钢中残余元素铬、镍、铜含量应各不大于 0.30%,氧气转炉钢的氮含量不应大于 0.008%。经需方同意,铜的残余含

量可不大于0.35%。供方如能保证可不作分析。

3)钢中砷的残余含量不应大于0.080%。用含砷矿冶炼生铁所冶炼的钢,砷含量由供需双方协议规定。如原料中没有含砷,对钢中的砷含量可以不作分析。

4)钢筋的化学成分允许偏差应符合GB222的有关规定。

5)在保证钢筋性能合格的条件下,钢的成分下限不作交货条件。

(2)冶炼方法：

钢以氧气转炉、平炉或电炉冶炼。

(3)交货状态：

钢筋以热轧状态交货

(4)力学性能和工艺性能：

钢筋的力学性能和工艺性能应符合表2-34的规定。冷弯试验时受弯曲部位外表面不得产生裂纹。

力学性能和工艺性能　　　　表2-34

表面形状	牌号	公称直径(mm)	屈服点 σ_s(MPa)	抗拉强度 σ_b(MPa)	伸长率 δ_5(%)	冷弯 d—弯心直径 a—钢筋公称直径
			不　小　于			
光圆	HPB235	8~20	235	370	25	180° $d=a$

(5)表面质量：

钢筋表面不得有裂纹、结疤和折叠。

钢筋表面凸块和其他缺陷的深度和高度不得大于所在部位尺寸的允许偏差。

2.2.2.3　热轧带肋钢筋

(1)牌号及化学成分：

钢的牌号及化学成分(熔炼分析)符合表2-35的规定。

牌号及化学成分　　　　表 2-35

表面形状	牌号	化学成分（%）					
		C	Si	Mn	C_{eq}	P	S
					不大于		
月牙肋	HRB335	0.25	0.80	1.60	0.52	0.045	0.045
	HRB400	0.25	0.80	1.60	0.54	0.045	0.045
等高肋	HRB500	0.05	0.80	1.60	0.55	0.045	0.045

钢中铬、镍、铜的残余含量应各不大于 0.30%，其总量不大于 0.60%，经需方同意，铜的残余含量可不大于 0.35%。供方如能保证可不作分析。

氧气转炉钢的含氮量不应大于 0.008%，采用吹氧吹氮复合吹炼工艺冶炼的钢，含氮量可不大于 0.012%。供方如能保证可不作分析。

在保证钢筋性能合格的条件下，C、Si、Mn 的含量下限可不作交货条件。

钢筋的化学成分允许偏差应符合 GB222 的规定。

(2)力学性能和工艺性能：

钢筋的力学性能和工艺性能应符合表 2-36 的规定。当钢筋进行冷弯或反向偏曲试验时，受弯曲部位外表面不得产生裂纹。

(3)表面质量：

钢筋表面不得有裂纹、结疤和折叠。

钢筋表面允许有凸块，但不得超过横肋的高度，钢筋表面上其他缺陷的深度和高度不得大于所在部位尺寸的允许偏差。

2.2.2.4　进口热轧变形钢筋的机械性能和化学成分见表 2-37。

力学性能和工艺性能 表2-36

表面形状	牌号	公称直径(mm)	屈服点 σ_s(MPa)	抗拉强度 σ_b(MPa)	伸长率 δ_5(%)	冷弯 d—弯心直径 a—钢筋公称直径
			不 小 于			
月牙肋	HRB335	6~25	335	490	16	180° $d=3a$
		28~50				180° $d=4a$
	HRB400	6~25	400	570	14	180° $d=4a$
		28~50				180° $d=5a$
等高肋	HRB500	6~25	500	630	12	180° $d=6a$
		28~50				180° $d=7a$

进口热轧变形钢筋机械性能和化学成分 表2-37

国别	日本	日本、阿根廷、澳大利亚、新加坡	日 本		
材料标准	JISG3112	JISG3112	JISG3112	JISG3112	JISG3112
钢筋代号	SD30	SD35	SD40	SD50	特殊SD35
屈服点(MPa)	300	350	400	500	350
抗拉强度(MPa)	490~600	500	570	630	500
断裂伸长率 δ_5(%) $d<25$	>14	>18	>16	>12	>18
$d \geqslant 25$	>18	>20	>18	>14	>20
冷弯弯曲角	180°	180°	180°	90°	180°
冷弯弯心直径	$4d$	$d \leqslant 41$ $4d$ $d=51$ $5d$	$5d$	$d \leqslant 25$ $5d$ $d>25$ $6d$	$d \leqslant 41$ $4d$ $d=51$ $5d$
化学成分(%) C	—	<0.27	<0.29	<0.32	0.12~0.22
Mn	—	<1.60	<1.80	<1.80	1.20~1.60
P	<0.05	<0.05	<0.05	<0.05	<0.05
S	<0.05	<0.05	<0.05	<0.05	<0.50
$C+\dfrac{Mn}{6}$	—	<0.50	<0.55	<0.60	—

续表

国别		墨西哥	巴西
材料标准		ASTM A615—75[(1)]	ASTM A615—75[(1)]
钢筋代号		60级	60级
屈服点(MPa)		420	420
抗拉强度(MPa)		630	630
断裂伸长率(%)	$d \leqslant 19$	9	9
	$d = 22 \sim 25$	8	8
	$d = 28 \sim 32$	7	7
冷弯弯曲角		180°	180°
冷弯弯心直径	$d < 16$	$4d$	$4d$
	$d = 16 \sim 25$	$6d$	$6d$
	$d = 28 \sim 32$	$8b$	$8d$
化学成分(%)	C	0.35～0.44	0.25～0.35
	Mn	>1.0	>1.0
	P	0.03	0.05
	S	0.044	0.05

2.2.3 有关规定

2.2.3.1 钢筋出厂质量合格证和试验报告单应及时整理,试验单填写做到字迹清楚,项目齐全、准确、真实,且无未了事项。

2.2.3.2 钢筋出厂质量合格证和试验报告单不允许涂改、伪造、随意抽撤或损毁。

2.2.3.3 钢筋质量必须合格,应先试验后使用,有出厂质量合格证或试验单。需采取技术处理措施的,应满足技术要求并经有关技术负责人批准后,方可使用。

2.2.3.4 合格证、试(检)验单或记录单的抄件(复印件)应注明原件存放单位,并有抄件人、抄件(复印)单位的签字和盖章。

2.2.3.5 钢筋应有出厂质量证明书或试验报告单,并按有关标准的规定抽取试样作机械性能试验。进场时应按炉罐(批)号及直径分批检验,查对标志、外观检查。

2.2.3.6 下列情况之一者,还必须做化学成分检验:

(1)无出厂证明书或钢种钢号不明的;

(2)有焊接要求的进口钢筋;

(3)在加工过程中,发生脆断、焊接性能不良和机械性能显著不正常的。

2.2.3.7 有特殊要求的,还应进行相应专项试验。

2.2.3.8 集中加工的钢筋,应有由加工单位出具的出厂证明及钢筋出厂合格证和钢筋试验单的抄件。

2.2.4 钢筋出厂质量合格证的验收和进场钢筋的外观质量检查

2.2.4.1 钢筋出厂质量合格证的验收

钢筋产品合格证由钢筋生产厂质量检验部门提供给用户单位,用以证明其产品质量已达到的各项规定指标。其内容包括:钢种、规格、数量、机械性能(屈服点、抗拉强度、冷弯、伸延率)、化学成分(碳、磷、硅、锰、硫、钒等)的数据及结论、出厂日期、检验部门印章、合格证的编号。合格证要求填写齐全,不得漏填或填错,同时须填明批量。如批量较大时,提供的出厂证又较少,可做复印件或抄件备查,并应注明原件证号存放处,同时应有抄件人签字,抄件日期。

钢筋质量合格证(见表 2-38)上备注栏内由施工单位填明单位工程名称、工程使用部位,如钢筋在加工厂集中加工,其出厂证及试验单应转抄给使用单位。

钢筋进场,经外观检查合格后,由技术员、材料采购员、材料保管员分别在合格证上签字,注明使用工程部位后交资料员保管。合格证应放入材质与产品检验卷内,在产品合格证分目录表上填好相应项目。

钢筋质量合格证　　　　　　表 2-38

编号

钢种	钢号	规格	数量	化 学 成 分（%）					机 械 性 能			
				碳	硅	锰	磷	硫	屈服点（MPa）	抗拉强度（MPa）	伸延率（%）	冷弯

供应单位：　　　　　备注：　　　　厂检验部门　　　　签章
日期　　　　　　　年　　月　　日

2.2.4.2　进场钢筋的外观质量检查

(1)钢筋应逐批检查其尺寸,不得超过允许偏差。

(2)逐批检查,钢筋表面不得有裂纹、折叠、结疤、耳子、分层及夹杂,盘条允许有压痕及局部的凸块、凹块、划痕、麻面,但其深度或高度(从实际尺寸算起)不得大于 0.20mm,带肋钢筋表面凸块,不得超过横肋高度,钢筋表面上其他缺陷的深度和高度不得大于所在部位尺寸的允许偏差,冷拉钢筋不得有局部缩颈。

(3)钢筋表面氧化铁皮(铁锈)重量不大于 16kg/t。

(4)带肋钢筋表面标志清晰明了,标志包括强度级别、厂名(汉语拼音字头表示)和直径(mm)数字。

2.2.5 钢筋的取样试验及试验报告

2.2.5.1 钢筋的取样和数量

(1)热轧钢筋：

1)钢筋原材试验应以同厂别、同炉号、同规格、同一交货状态、同一进场时间每60t为一验收批,不足60t时,亦按一验收批计算。

2)每一验收批中取试样一组(2根拉力、2根冷弯、1根化学)。低碳钢热轧圆盘条时,拉力1根。

3)取样方法:

(A)试件应从两根钢筋中截取:每一根钢筋截取一根拉力,一根冷弯,其中一根再截取化学试件一根,低碳热轧圆盘条冷弯试件应取自不同盘。

(B)试件在每根钢筋距端头不小于500mm处截取。

(C)拉力试件长度:$5d_0 + 200$mm。

(D)冷弯试件长度:$5d_0 + 150$mm。

(E)化学试件取样采取方法:

(a)分析用试屑可采用刨取或钻取方法。采取试屑以前,应将表面氧化铁皮除掉。

(b)自轧材整个横截面上刨取或者自不小于截面的1/2对称刨取。

(c)垂直于纵轴中线钻取钢屑的,其深度应达钢材轴心处。

(d)供验证分析用钢屑必须有足够的重量。

(2)冷拉钢筋:

应由不大于20t的同级别、同直径冷拉钢筋组成一个验收批,每批中抽取2根钢筋,每根取2个试样分别进行拉力和冷弯试验。

(3)冷拔低碳钢丝:

1)甲级钢丝的力学性能应逐盘检验,从每盘钢丝上任一端截去不少于500mm后再取两个试样,分别作拉力和180°反复弯曲试验,并按其抗拉强度确定该盘钢丝的组别。

2)乙级钢丝的力学性能可分批抽样检验。以同一直径的钢丝5t为一批,从中任取三盘,每盘各截取两个试样,分别作拉力和反复弯曲试验。如有一个试样不合格,应在未取过试样的钢丝盘中,另取双倍数量的试样,再做各项试验。如仍有一个试样不合格,则应对该批钢丝逐盘检验,合格者方可使用。

注:拉力试验包括抗拉强度和伸长率两个指标。

2.2.5.2 钢筋的必试项目

(1)物理必试项目:

1)拉力试验(屈服强度、抗拉强度、伸长率);

2)冷弯试验(冷拔低碳钢丝为反复弯曲试验)。

(2)化学分析:

主要分析碳(C)、硫(S)、磷(P)、锰(Mn)、硅(Si)。

2.2.5.3 钢筋试验的合格判定

钢筋的物理性能和化学成分各项试验,如有一项不符合钢筋的技术要求,则应取双倍试件(样)进行复试,再有一项不合格,则该验收批钢筋判为不合格,不合格钢筋不得使用,并要有处理报告。

2.2.5.4 钢筋试验报告单的内容、填制方法和要求

钢筋试验报告单表样见表2-39。

钢筋原材试验报告　　　　表 2-39

钢材试验报告　表 C4-9					编　号		
					试验编号		
					委托编号		
工程名称					试件编号		
委托单位					试验委托人		
钢材种类		规格或牌号			生产厂		
代表数量		来样日期			试验日期		
公称直径(厚度)				mm	公称面积		mm²
力　学　性　能					弯　曲　性　能		
屈服点(MPa)	抗拉强度(MPa)	伸长率(％)	$\sigma_{b实}/\sigma_{b标}$	$\sigma_{s实}/\sigma_{s标}$	弯心直径	角度	结果
化　学　分　析					其他:		
分析编号	化　学　成　分（％）						
	C	Si	Mn	P	S	C_{eq}	

结论:

批　准		审　核		试　验	
试验单位					
报告日期					

本表由试验单位提供，建设单位、施工单位、城建档案馆各保存一份。

钢筋试样报告单委托单位、工程名称、生产厂、试件编号、钢材种类、规格或牌号、代表数量、来样日期、试验委托人由试验委托人(工地试验员)填写。

钢筋试验报告单中试验编号、各项试验的测算数据、试验结论、报告日期由试验室人员依据试验结果填写清楚、准确。试验、计算、审核、负责人员签字要齐全,然后加盖试验章,试验报告单才能生效。

钢筋试验报告单是判定一批材质是否合格的依据,是施工技术资料的重要组成部分,属保证项目。报告单要求做到字迹清楚,项目齐全、准确、真实,无未了项。没有项目写"无"或划斜杠,试验室的签字盖章齐全。如试验单某项填写错误,不允许涂抹,应在错误上划一斜杠,将正确的填写在其上方,并在此处加盖改错者印章和试验章。

领取钢筋试验报告单时,应验看试验项目是否齐全,必试项目不能缺少,试验室有明确结论和试验编号,签字盖章齐全,要注意看试验单上各试验项目数据是否达到规范规定的标准值,是则验收存档,否则应及时取双倍试样做复试或报有关人员处理,并将复试合格单或处理结论附于此单后一并存档。

2.2.6 整理要求

2.2.6.1 此部分资料应归入原材料、半成品、成品出厂质量证明和质量试(检)验报告分册中;

2.2.6.2 合格证应折成16开大小或贴在16开纸上;

2.2.6.3 各验收批钢筋合格证和试验报告,按批组合,按时间先后顺序排列并编号,不得遗漏;

2.2.6.4 建立分目录表,并能对应一致。

2.2.7 注意事项

2.2.7.1 钢筋的材质证明要"双控",各验收批钢筋出厂质量合格证和试验报告单缺一不可。材质证明与实物应物证相符。

2.2.7.2 钢筋出厂质量合格证应有生产厂家质量检验部门的盖章,质量有保证的生产厂家,钢筋标牌可作为质量合格证。

2.2.7.3 钢筋试验报告单中应有试验编号,便于与试验室的有关资料查证核实。试验报告单应有明确结论并签章齐全。

2.2.7.4 领取试验报告后一定要验看报告中各项目的实测数值是否符合规范的技术要求。冷弯应将弯曲直径和弯曲角度都写清楚。

2.2.7.5 钢筋试验不合格单后应附双倍试件复试合格试验报告单或处理报告。不合格单不允许抽撤。

2.2.7.6 应与其他施工技术资料对应一致,交圈吻合。相关施工技术资料有:钢筋焊接试验报告单、钢筋隐检单、现场预应力混凝土试验记录、现场预应力张拉施工记录、质量评定、施工组织设计、技术交底、洽商及竣工图等。

2.2.7.7 热轧圆盘条钢筋在送试前不得冷拉,而应该在盘上截下后人工调直。

2.3 骨 料

2.3.1 砂的定义、分类和技术要求

2.3.1.1 砂的定义和分类:

粒径在 5mm 以下的岩石颗粒,称为天然砂,其粒径一般规定为 0.15~0.5mm。

按产地不同,天然砂可分为河砂、海砂、山砂。河砂比较洁净,分布较广,一般工程上大部分采用河砂。

根据砂的细度模数 μ_f 不同,可分为粗砂(3.7~3.1)、中砂(3.0~2.3)、细砂(2.2~1.6)、特细砂(1.5~0.7)。

2.3.1.2 砂的技术要求

(1)颗粒级配:

对细度模数为 3.7~1.6 的砂,按 0.630mm 筛孔的累计筛余量(以重量百分率计,下同)分成三个级配区(见表 2-40)。砂的颗粒级配,应处于表 2-40 中的任何一个级配区以内。

砂颗粒级配区　　　　　　　　表 2-40

筛孔尺寸 (mm)	级 配 区		
	1 区	2 区	3 区
	累 计 筛 余 (%)		
10.0	0	0	0
*5.00	*10~0	*10~0	*10~0
2.50	35~5	25~0	15~0
1.25	65~35	50~10	25~0
*0.630	*85~71	*70~41	*40~16
0.315	95~80	92~70	85~55
0.160	100~90	100~90	100~90

砂的实际颗粒级配与表中所列的累计筛余百分率相比,除 5 和 0.630mm 筛号(表中上角米花所标数值)外,允许稍有超出分界线,但其总量不应大于 5%。

(2)含泥量:

砂的含泥量(即粒径小于 0.080mm 的尘屑、淤泥和黏土的总含量)应符合表 2-41 的规定。

砂中的含泥量　　　　　　　　表 2-41

混凝土强度等级	高于或等于 C30	低于 C30
含泥量,按重量计,不大于(%)	3.0	5.0

注:1. 对有抗冻、抗渗或其他特殊要求的混凝土用砂,其含泥量不应大于 3.0%;
　2. 对 C10 和 C10 以下的混凝土用砂,其含泥量可酌情放宽。

(3)泥块含量：

砂中粒径大于 1.25mm，经水洗后，用手捏变成小于 0.63mm 的颗含粒量，见表 2-42。

砂中的泥块含量　　　　　　　表 2-42

混凝土强度等级	高于或等于 C30	低于 C30
泥块含量按重量计，不大于（%）	1.0	2.0

注：对有抗冻、抗渗或其他特殊要求的混凝土用砂，其含泥量不应大于3.0%。

(4)坚固性：

砂的坚固性，用硫酸钠溶液法检验，试样经 5 次循环后，其重量损失应不大于 10%。在严寒地区或冻融、干湿变化大、潮湿等环境条件下，其重量损失应不大于 8%。

注：当同一产源的砂，在类似的气候条件下使用已有可靠的经验时，可不作坚固性检验。

(5)有害物质含量：

砂中如含有云母、轻物质（表观密度小于 2.0，如煤和褐煤等）、有机质、硫化物及硫酸盐等有害质，其含量应符合表 2-43 的规定。

砂中的有害物质含量　　　　　　表 2-43

项　　目	质　量　指　标
云母含量，按重量计，不宜大于（%）	2.0
轻物质含量，按重量计，不宜大于（%）	1.0
硫化物及硫酸盐（折算成 SO_3）含量，按重量计，不大于（%）	1.0
有机质含量（用比色法试验）	颜色不应深于标准色，如深于标准色，则应配成砂浆，进行强度对比试验，予以复核

注：1. 对于抗冻、抗渗要求的混凝土，砂中云母含量不应大于 1%；
　2. 砂中如含有颗粒状的硫酸盐或硫化物，则要求经专门检验，确认能满足混凝土耐久性要求时方能采用。

当怀疑砂中因含无定形二氧化硅而可能引起碱—骨料反应时,应根据混凝土结构或构件的使用条件,进行专门试验,以确定其是否可用。

(6)采用海砂配制混凝土时,其氯盐含量应符合下列规定:

对于混凝土、水下或干燥条件下使用的钢筋混凝土,海砂中氯盐含量不予限制。

对位于水上和水位变动区,以及在潮湿或露天条件下使用的钢筋混凝土,海砂中氯盐含量不应大于0.1%(以全部氯离子换算成氯化钠,并以干砂重量的百分率计,下同)。对预应力混凝土结构,海砂中氯盐含量应从严要求。

山砂的质量要求和使用,可参照各地区的有关规定执行。

2.3.2 碎石及卵石定义、分类和技术要求

2.3.2.1 碎石及卵石的定义、分类和技术要求

岩石由自然条件而形成的、粒径大于5mm的颗粒称卵石。

岩石由机械加工破碎而成的,粒径大于5mm的颗粒称碎石。

按使用类型有10mm、20mm、32mm、40mm。

2.3.2.2 碎石及卵石的技术要求

(1)颗粒级配:

碎石或卵石的颗粒级配,一般应符合表2-44的要求。

(2)针、片状颗粒含量:

碎石或卵石中针、片状颗粒含量,应符合表2-45的要求。

(3)含泥量:

碎石或卵石中的含泥量(即颗粒小于0.080mm的尘屑,淤泥和黏土的总含量,下同)应符合表2-46的规定,但不宜含有块状黏土。

碎石或卵石的颗粒级配范围　　表 2-44

级配情况	公称粒级(mm)	累计筛余,按重量计(%) 筛孔尺寸(圆孔筛)(mm)											
		2.5	5	10	15	20	25	30	40	50	60	80	100
连续粒级	5~10	95~100	80~100	0~15	0								
	5~15	95~100	90~100	30~60	0~10	0							
	5~20	95~100	90~100	40~70		0~10	0						
	5~30	95~100	90~100	70~90		15~45		0~5	0				
	5~40		90~100	75~90		30~65			0~5	0			
单粒级	10~20		95~100	85~100		0~15	0						
	15~30			95~100		85~100		0~10					
	20~40			95~100		80~100			0~10	0			
	30~60				95~100			75~100	45~75		0~10	0	
	40~80						95~100		70~100		30~60	0~10	0

注:1. 公称粒级的上限为该粒级的最大粒径。

单粒级一般用于组合成具有要求级配的连续粒级,它也可与连续粒级的碎石或卵石混合使用,以改善它们的级配或级配成较大粒度的连续粒级。

2. 根据混凝土工程和资源的具体情况,进行综合技术经济分析后,在特殊情况下允许直接采用单粒级,但必须避免混凝土发生离析。

针、片状颗粒的含量　　表 2-45

混凝土强度等级	高于或等于 C30	低于 C30
针、片状颗粒含量,按重量计不大于(%)	15	25

注:1. 针片状颗粒的定义是:凡颗粒的长度大于该颗粒所属粒级的平均粒径 2.4 倍者称为针状颗粒;厚度小于平均粒径 0.4 倍者称为片状颗粒;平均粒径是指该粒级上下限粒径的平均值。

2. 对 C10 及 C10 以下的混凝土,其粗骨料中的针、片状颗粒含量可放宽到 40%。

碎石或卵石中的含泥量　　　　　表 2-46

混凝土强度	高于或等于 C30	低于 C30
含泥量,按重量计不大于(%)	1.0	2.0

注:1. 对有抗冻、抗渗或其他特殊要求的混凝土,其所用碎石或卵石的含泥量不应大于 1.0%。
　2. 如含泥基本上是非黏土质的石粉时,其总含量可由 1.0% 及 2.0% 分别提高到 1.5% 和 3.0%。
　3. 对 C30 和低于 C30 的混凝土用碎石或卵石,其含泥量可酌情放宽到 2.5%。

(4)泥块含量:

石子中粒径大于 1.25mm,经水洗后,用手掐变成小于 0.63mm 的颗粒含量,见表 2-47。

石子中的泥块含量　　　　　表 2-47

混凝土强度等级	≥C30	C30~C15	≤C10
泥块含量,按重量计不大于(%)	0.5	0.7	1.0

注:对有抗冻、抗渗或其他特殊要求的混凝土用石子,其泥块含量不应大于 0.5%。

(5)强度:

碎石或卵石的强度,可用岩石立方体强度和压碎指标两种方法表示。在选择采石场或对粗骨料强度有严格要求或对质量有争议时,宜用岩石立方体强度作检验。对经常性的生产质量控制则用压碎指标值检验较为方便。

碎石或卵石的压碎指标值可参照表 2-48 的规定采用。

(6)坚固性:

当采用硫酸钠溶液法作坚固性检验时,其指标应符合表 2-49 的规定。

碎石或卵石的压碎指标值　　表 2-48

岩 石 品 种	混凝土强度等级	压碎指标值(%)	
		碎 石	卵 石
水成岩	C60~C40 C30~C10	10~12 13~20	≤9 10~18
变质岩或深成的火成岩	C60~C40 C30~C10	12~19 20~31	12~18 19~30
喷出的火成岩	C60~C40 C30~C10	≤13 ≤30	不限 不限

注：1. 水成岩包括石灰岩、砂岩等，变质岩包括片麻岩、英岩等。深成的火成岩包括花岗岩、正长岩、闪长岩和橄榄岩等。喷出的火成岩包括玄武岩和辉绿岩等。
2. 压碎指标值中，接近较小值适用于强度较高的混凝土，接近较大值适用于强度等级较低的混凝土。

碎石或卵石的坚固性指标　　表 2-49

混凝土所处的环境条件	在硫酸钠溶液中的循环次数	循环后的重量损失不宜大于(%)
在干燥条件下使用的混凝土	5	12
在寒冷地区室外使用，并经常处于潮湿或干湿交替状态下的混凝土	5	5
在严寒地区室外使用，并经常处于潮湿或干湿交替状态下的混凝土	5	3

注：1. 严寒地区系指最寒冷月份里的月平均温度低于 -15℃ 的地区。寒冷地区则指最寒冷月份里的月平均温度处在 -5℃ ~ -15℃ 之间的地区。
2. 在干燥条件下使用，但有抗疲劳、耐磨、抗冲击等要求，或混凝土强度等级在 C40 以上时，其骨料的坚固性要求应是经 5 次循环后的重量损失不应大于 5%。
3. 除注 2 要求外，一般在干燥条件下，使用的混凝土仅在发现粗骨料有显著缺陷(指风化状态及软弱颗粒过多)时，方进行坚固性试验。
4. 对同一产源的碎石或卵石，在类似的气候条件下，使用已有可靠的经验时，可不作坚固性检验。

(7)有害物质含量：

碎石或卵石中的硫化物和硫酸盐含量，以及卵石中有机杂质含量,应符合表2-50的规定。

碎石或卵石中的有害物质含量　　　表2-50

项　目	质　量　标　准
碳化物和硫酸盐(折算为SO_3)含量,按重量计,不宜大于(%)	1
卵石中有机质含量(用比色法试验)	颜色不应深于标准色,如深于标准色则应以混凝土进行强度对比试验,予以复核

注:碎石或卵石中如含有颗粒状硫酸盐或硫化物,则要求经专门检验,确认能满足混凝土耐久性要求时方能采用。

当怀疑碎石或卵石中因含有无定形二氧化硅而可能引起碱—骨料反应时,应根据混凝土结构或构件的使用条件,进行专门试验,以确定是否可用。

2.3.3　有关规定

2.3.3.1　砂、石使用前应按产地、品种、规格、批量取样进行试验,内容包括:筛分析、紧密度、表观密度、含泥量、泥块含量。

2.3.3.2　用于配制有特殊要求的混凝土,还需做相应的项目试验。

2.3.3.3　砂、石质量必须合格,应先试验后使用,要有出厂质量合格证或试验单。需采取技术处理措施的,应满足技术要求并应经有关技术负责人(签字)批准后,方可使用。

2.3.3.4　合格证、试(检)验单或记录单的抄件(复印件)应注明原件存放单位,并有抄件人、抄件(复印)单位的签字和盖章。

2.3.3.5　砂、石应有生产厂家的出厂质量证明书,并应对其品种和出厂日期等检查验收。

2.3.3.6　有下列情况之一者,必须进行复试,混凝土应重新试配：

(1)用于承重结构的砂、石；

(2)无出厂证明的；

(3)对砂、石质量有怀疑的；

(4)进口砂、石。

2.3.4 砂石的取样试验及试验报告

2.3.4.1 砂、石试验的取样方法和数量

(1)砂子试验应以同一产地、同一规格、同一进厂时间,每 400m^3 或 600t 时为一验收批,不足 400m^3 或 600t 时亦按一验收批计算。

(2)每一验收批取试样一组,砂数量为 22kg,石子数量 40kg(最大粒径为 10、15、20mm)或 80kg(最大粒径 31.5、40mm)。

(3)取样方法：

1)在料堆上取样时,取样部位均匀分部。取样前先将取样部位表层铲除,然后由各部位抽取大致相等的试样砂 8 份(每份 11kg 以上),石子 15 份(在料堆的顶部、中部和底部各由均匀分布的五个不同的部位取得),每份 5~10kg(20mm 以下取 5kg 以上,31.5、40mm 取 10kg 以上)搅拌均匀后缩分成一组试样。

2)从皮带运输机上取样时,应在皮带运输机机尾的出料处,用接料器定时抽取试样,并由砂 4 份试样(每份 22kg 以上),石子 8 份试样,每份 10~15kg(20mm 以下 10kg,31.5mm、40mm15kg)搅拌均匀后分成一组试样。

(4)建筑施工企业应按单位工程分别取样。

(5)构件厂、搅拌站应在砂子进厂时取样,并应根据贮存、使用情况定期复验。

2.3.4.2 砂、石试验的必试项目

71

(1)筛分析；

(2)密度；

(3)表观密度；

(4)含泥量；

(5)泥块含量。

2.3.4.3　试验方法及合格判定

砂、石的试验方法详见《实用建筑材料试验手册》(中国建筑工业出版社出版)一书。

砂、石试验各项达到普通混凝土用砂、石的各项技术要求，为合格。

2.3.4.4　砂、石试验报告单的内容、填制方法和要求

砂、碎(卵)石试验报告表样如表2-51、表2-52。

砂、石试验报告单中，委托单位、工程名称、种类及产地、来样日期、代表数量等由试验委托人(工地试验员)填写。其他部分由试验室人员依据试验测算结果填写清楚、准确、齐全并给出明确结论，签字盖章齐全。

砂、石试验报告单是判定一批砂、石材质是否合格的依据。报告单要求做到字迹清楚，项目齐全、准确、真实，无未了项(没有项目写"无"或划斜杠)，试验室的签字盖章齐全，如试验单某项填写错误，不允许涂抹，应在错项上划一斜杠，将正确的填写在其上方，并在此处加盖改错者印章和试验章。

领取砂、石试验报告单时，应验看试验项目是否齐全，必试项目不能缺少，试验室有明确结论和试验编号，签字盖章齐全。要注意看试验单上各试验项目数据是否达到规范规定的标准值，是则验收存档，否则应及时报有关人员处理，并将处理结论附于此单后一并存档。

砂 试 验 报 告　　　　表 2-51

砂试验报告 表 C4-11		编　号	
		试验编号	
		委托编号	
工程名称		试样编号	
委托单位		试验委托人	
种　　类		产　　地	
代表数量		来样日期		试验日期	
试验结果	一、筛分析	1. 细度模数(μ_f)	
		2. 级配区域	区
	二、含泥量		%
	三、泥块含量		%
	四、表观密度		kg/m³
	五、堆积密度		kg/m³
	六、碱活性指标		
	七、其他		

结论：

批　准		审　核		试　验	
试验单位					
报告日期					

本表由试验单位提供，建设单位、施工单位、城建档案馆各保存一份。

碎(卵)石试验报告 表 2-52

碎(卵)石试验报告 表 C4-12			编　号	
			试验编号	
			委托编号	
工程名称			试样编号	
委托单位			试验委托人	
种类、产地			公称粒径	mm
代表数量		来样日期	试验日期	
试验结果	一、筛分析	级配情况	□连续粒级	□单粒级
^	^	级配结果		
^	^	最大粒径		mm
^	二、含泥量			%
^	三、泥块含量			%
^	四、针、片状颗粒含量			%
^	五、压碎指标值			%
^	六、表观密度			kg/m³
^	七、堆积密度			kg/m³
^	八、碱活性指标			
^	九、其他			
结论：				
批　准		审　核	试　验	
试验单位				
报告日期				

本表由试验单位提供,建设单位、施工单位、城建档案馆各保存一份。

2.3.5 轻骨料

轻骨料一般用于结构或结构保温用混凝土,表观密度轻、保温性能好的轻骨料,也可用于保温用轻混凝土。

2.3.5.1 定义及分类

凡骨料的粒径在 5mm 以上、堆积密度小于 $1000kg/m^3$ 者,称为轻粗骨料。粒径小于 5mm、堆积密度小于 $1200kg/m^3$ 者,称为轻细骨料(又称轻砂)。

轻骨料按原材料来源分为三大类:

(1)工业废料轻骨料:

以工业废料为原材料,经加工而成的轻骨料,如粉煤灰陶粒、煤矸石陶粒、膨胀矿渣珠、自然煤矸石、煤渣等。

(2)天然轻骨料:

以天然形成的多孔岩石经加工而成的轻骨料,如浮石、火山渣、多孔凝灰岩等。

(3)人工轻骨料:

以地方材料(如页岩、黏土等)为原料,经加工而成的轻骨料,如页岩陶粒、黏土陶粒、膨胀珍珠岩等。

本节主要介绍常用的天然轻骨料及粉煤灰陶粒(陶砂)、黏土陶粒、页岩陶粒(陶砂)等轻骨粒的质量标准和试验方法。

2.3.5.2 质量标准

(1)天然轻骨料

1)天然轻骨料粒径大小:

天然轻骨料分为以下四个粒级:

5~10mm;

10~20mm;

20~30mm;

30~40mm。

轻砂分为：

粗砂(细度模数为 4.0~3.1)；

中砂(细度模数为 3.0~2.3)；

细砂(细度模数为 2.2~1.5)。

2)天然轻粗骨料的颗粒级配应符合表 2-53 的规定。

天然轻粗骨料颗粒级配 表 2-53

筛 孔 尺 寸		D_{min}	$\frac{1}{2}D_{max}$	D_{max}	$2D_{max}$
累计筛余按重量计(%)	混合级配	≥90	40~60	≤10	0
	单一粒级	≥90	0	≤10	0

3)天然轻砂的颗粒级配应满足表 2-54 的要求。

天然轻砂颗粒级配 表 2-54

筛孔尺寸 (mm)	累计筛余(按重量计,%)		
	粗 砂	中 砂	细 砂
10.0	0	0	0
5.00	0~10	0~10	0~5
0.630	50~80	30~70	15~60
0.160	>90	>80	>70

4)天然轻粗骨料的堆积密度等级应按表 2-55 划分,其实际堆积密度的变异系数应不大于 0.15。

5)天然轻粗骨料筒压强度与密度等级的关系应符合表 2-56 的规定。

6)天然轻粗骨料的软化系数不应小于 0.07。

7)天然轻粗骨料的抗冻性,经 15 次冻融循环后的重量损失不应大于 5%。也可用硫酸钠溶液法测定其坚固性,经 5 次循环试验后的重量损失不应大于 10%。

8)天然轻粗骨料的安定性,用煮沸法检验时,其重量损失不应大于 5%；用铁分解方法检验时,其重量损失不应大于 5%。

天然轻粗骨料堆积密度等级		表2-55
密 度 等 级		堆积密度范围
轻粗骨料	轻 砂	（kg/m³）
300	—	<300
400	—	310~400
500	500	410~500
600	600	510~600
700	700	610~700
800	800	710~800
900	900	810~900
1000	1000	910~1000
—	1100	1010~1100
—	1200	1110~1200

筒压强度与密度等级的关系	表2-56
密 度 等 级	筒压强度（MPa）
300	0.2
400	0.4
500	0.6
600	0.8
700	1.0
800	1.2
900	1.5
1000	1.8

9）天然轻粗骨料异类岩石颗粒含量，按重量计不应大于10%。

10）天然轻粗骨料粒型系数大于2.5的颗粒含量不应大于15%。

注：单位轻粗骨料长向最大尺寸与中间截面最小尺寸之比值称为粒型系数。

11）天然轻粗骨料中有害物质含量应符合表2-57的规定。

12）除满足上述各项技术要求外，天然轻粗骨料同时达到下列两项指标者为特级品：密度等级不大于700级，相应的筒压强度提高一级。

堆积密度和筒压强度的变异系数均不大于0.13。

（2）粉煤灰陶粒和陶砂

1）粉煤灰陶粒：粉煤灰陶粒分为以下三个粒级：

5~10mm；

10~15mm；

15~20mm。

粉煤灰陶粒单一和混合级配应符合表2-58的规定，而且混合级配的空隙率应不大于47%。

天然轻粗骨料中有害物质含量 表2-57

项目名称	指标
硫酸盐(按SO_2计,%)	<0.5
氯盐(按Cl^-计,%)	<0.02
含泥量(%)	<3
有机杂质(用比色法检验)	不深于标准色

粉煤灰陶粒单一和混合级配 表2-58

筛孔尺寸	D_{min}	D_{max}	$2D_{max}$
累计筛余按重量计(%)	≥90	≤10	0

粉煤灰陶粒的堆积密度等级应按表2-59划分,其实际堆积密度的变异系数应不大于0.05。

粉煤灰陶粒筒压强度与密度等级的关系应符合表2-60的规定。

粉煤灰陶粒堆积密度等级 表2-59

密度等级	堆积密度范围(kg/m³)
700	610~700
800	710~800
900	810~900

粉煤灰陶粒筒压强度与密度等级的关系 表2-60

密度等级	筒压强度 MPa
700	4.0
800	5.0
900	6.5

粉煤灰陶粒的吸水率不应大于22%,软化系数不应小于0.80。

粉煤灰陶粒的抗冻性,经15次冻融循环后的重量损失不应大于5%。也可用硫酸钠溶液法测定其坚固性,经5次循环试验后的重量损失不应大于5%。

陶砂的烧失量不应大于5%。粉煤灰陶粒的安定性,用煮沸法检验时,其重量损失不应大于2%。

粉煤灰陶粒的烧失量不应大于4%。

粉煤灰陶粒中有害物质含量应符合表2-61的规定。

除满足上述各项技术要求外,粉煤灰陶粒同时达到下列三项指标者为特级品:

筛孔尺寸为 $1/2D_{max}$ 的累计筛余(按重量百分比计)应在 30%~70% 范围内;密度等级小于 800 级。

相应的筒压强度提高一级,且其变异系数不大于 0.13。

2)粉煤灰陶砂:陶砂的颗粒级配应符合表 2-62 的规定,其细度模数不应大于 3.7。

粉煤灰陶粒中有害物质含量　表 2-61

项目名称	指标
硫酸盐(按 SO_2 计,%)	<0.5
氯盐(按 Cl^- 计,%)	<0.02
含泥量(%)	<2
有机杂质(用比色法检验)	不深于标准色

陶砂的颗粒级配　表 2-62

筛孔尺寸(mm)	累计筛余(按重量计,%)
10.0	0
5.00	≤10
0.630	25~65
0.160	≥75

陶砂的堆积密度等级应满足表 2-63 的要求。陶砂中硫酸盐(按三氧化硫百分含量计)的含量不应大于 0.5%。

(3)页岩陶粒的陶砂❶

陶砂的堆积密度等级　表 2-63

密度等级	堆积密度范围(kg/m^3)
700	610~700
800	710~800
900	810~900

1)页岩陶粒:页岩陶粒分为以下三个粒级:

5~10mm;

10~20mm;

20~30mm。

页岩陶粒的颗粒级配应符合表 2-64 的规定,而且混合级配的空隙率不应大于 50%。

---

❶ 内容引自《页岩陶粒和陶砂》

页岩陶粒的颗粒级配 表 2-64

筛孔尺寸		D_{min}	$\frac{1}{2}D_{max}$	D_{max}	$2D_{max}$
累计筛余按重量计（%）	普通型陶粒的混合级配	≥90	30~70	≤10	0
	圆球型陶粒及单一粒级	≥90	0	≤10	0

页岩陶粒的堆积密度等级应按表 2-65 划分,其实际堆积密度的变异系数应不大于 0.10。

页岩陶粒筒压强度与密度等级的关系,应符合表 2-66 的规定。

页岩陶粒堆积密度等级 表 2-65

密度等级	堆积密度范围（kg/m³）
400	310~400
500	410~500
600	510~600
700	610~700
800	710~800
900	810~900

页岩陶粒筒压强度与密度等级的关系 表 2-66

密度等级	筒压强度（MPa）
400	0.8
500	1.0
600	1.5
700	2.0
800	2.5
900	3.0

页岩陶粒粒型系数大于 3.0 的颗粒含量不应大于 20%。

注:单个陶粒长向最大尺寸与中间截面最小尺寸之比值称为粒型系数。页岩陶粒的吸水率不应大于 10%,软化系数不应大于 0.80。

页岩陶粒的抗冻性,经 15 次冻融循环后的重量损失不应大于 5%。也可用硫酸钠溶液法测定其坚固性,经 5 次循环试验后的重量损失不应大于 5%。

页岩陶粒的安定性,用煮沸法检验时,其重量损失不应大于 2%;用铁分解方法检验时,其重量损失不应大于 5%。

页岩陶粒的烧失量不应大于 3%。

页岩陶粒中有害物质含量应符合表 2-67 的规定。

除满足上述各项技术要求外,页岩陶粒同时达到下列两项指标者为特级品。

密度等级不大于600级,相应的筒压强度提高一级;堆积密度的变异系数不大于0.05;筒压强度变异系数不大于0.13。

3)页岩陶砂:陶砂的颗粒级配应符合表2-68的规定,其细度模数不应大于4.0。

页岩陶粒中有害物质含量 表2-67

项目名称	指标
硫酸盐(按SO_2计,%)	<0.5
含泥量(%)	<2
有机杂质(用比色法检验)	不深于标准色

陶砂的颗粒级配 表2-68

筛孔尺寸(mm)	累计筛余(按重量计,%)
10.0	0
5.00	≤10
0.630	30~70
0.160	≥90

陶砂的堆积密度等级应满足表2-69的要求。

陶砂的烧失量不应大于5%。

陶砂中硫酸盐(按三氧化硫百分含量计)的含量不应大于0.5%。

陶砂的有机杂质含量,用比色法检验时不应深于标准色。

陶砂堆积密度等级 表2-69

密度等级	堆积密度范围(kg/m^3)
600	510~600
700	610~700
800	710~800
900	810~900
1000	910~1000

2.3.5.3 试验

(1)试验项目

1)轻粗骨料必须检验项目:筛分析、堆积密度、颗粒级配、筒压强度、1h吸水率、天然轻骨料还需检验含泥量。

2)轻砂检验项目:筛分析、堆积密度、颗粒密度、细度模数、吸水率。

3)轻骨料质量检验的各项指标必须满足本节"质量要求"中的有关规定。如不符合要求,则应复检。复检不合格,则应查明原因,采取措施,保证符合使用要求。

(2)取样

以同一产地、同一品种、同规格轻骨料,每 $300m^3$(或 $500m^3$)为一批,不足者亦以一批论。试样可从料堆锥体自上到下的不同部位、不同方向任选 10 个点抽取。但要注意避免抽取离析的及面层材料。

从袋装料抽取试样时,应从 10 袋的不同位置和高度中抽取。

抽取的试样拌合均匀后,按四分法缩减到试验所需的用料量,按表 2-70 规定。

轻骨料各项试验的试样用量表　　　表 2-70

序号	试　验　项　目	试样用量(L)		
		轻砂	轻粗骨料	
			$D_{max} \leq 20mm$	$D_{max} > 20mm$
1	颗粒级配	2	10	20
2	松散密度	5	30	40
3	轻粗骨料的筒压强度	—	5	5
4	轻粗骨料的吸水率	—	4	4
5	轻粗骨料的软化系数	—	10	10
6	轻粗骨料的颗粒密度	—	4	4
7	轻粗骨料的抗冻性	—	2~4	4~6
8	轻粗骨料的坚固性	—	2	2
9	轻粗骨料的煮沸重量损失	—	2	4
10	轻粗骨料的铁分解重量损失	—	2	4
11	SO_3 含量	1	1	1
12	氯盐含量	—	2~4	2~4
13	含泥量	—	5~7	5~7
14	烧失量	1	1	1
15	有机物含量	6	3~8	4~10
16	天然轻骨料中异类岩石颗粒的含量	—	10~20	10~20
17	轻粗骨料的粒型系数	—	2	2
18	轻粗骨料的强度	—	20	20

2.3.5.4 试验单的内容及填制(见表2-71式样)

轻骨料试验报告表　　　　　表 2-71

轻骨料试验报告 表 C4-18		编　　号	
		试验编号	
		委托编号	
工程名称		试样编号	
委托单位		试验委托人	
种　　类		密度等级	产　　地
代表数量		来样日期	试验日期
试验结果	一、筛分析	1. 细度模数(细骨料)	
		2. 最大粒径(粗骨料)	mm
		3. 级配情况	□连续粒级　　□单粒级
	二、表观密度		kg/m³
	三、堆积密度		kg/m³
	四、筒压强度		MPa
	五、吸水率(1h)		%
	六、粒型系数		
	七、其他		
结论:			
批　　准		审　　核	试　　验
试验单位			
报告日期			

本表由试验单位提供,施工单位保存。

试验单的委托单位、工程名称、种类、产地、来样日期、代表数量由委托单位负责填写。各项目应认真填写清楚，勿遗漏、缺项或填错。试验编号、试验日期、报告日期、试验项目、结论由试验室负责填写。数据应真实，结论应明确，负责人、审核、计算、试验签字齐全，并加盖试验室印章。

轻骨料试验报告单是判定一批轻骨料材质是否合格的依据。报告单中要求做到字迹清楚，项目齐全、准确、真实，无未了项(没有项目写"无"或划斜杠)，试验室的签字盖章齐全，如试验单某项填写错误，不允许涂抹，应在错项上划一斜杠，将正确的填写在其上方，并在此处加盖改错者印章和试验章。

领取轻骨料试验报告单时，应验看试验项目是否齐全，必试项目不能缺少，试验室有明确结论和试验编号，签字盖章齐全。要注意看试验单上各试验项目数据是否达到规范规定的标准值，是则验收存档，否则应及时取双倍试样做复试或报有关人员处理，并将复试合格单或处理结论附于此单后一并存档。

2.3.6 整理要求

2.3.6.1 此部分资料应归入原材料、半成品、成品出厂质量证明和质量试(检)验报告分册中；

2.3.6.2 合格证应折成16开大小或贴在16开纸上；

2.3.6.3 各验收批轻骨料的合格证和试验报告，按批组合，按时间先后顺序排列并编号，不得遗漏；

2.3.6.4 建立分目录表，并能对应一致。

2.3.7 注意事项

2.3.7.1 砂、石及轻骨料试验报告单应有试验编号，便于与试验室的有关资料查证核实，试验报告单应有明确结论并签字盖章；

2.3.7.2 领取试验报告后,一定要验看报告中各项目的实测数值是否符合相应规范的各项技术要求；

2.3.7.3 试验不合格的试验单,其后应附有处理报告,不合格单不允许抽撤；

2.3.7.4 应与其他施工技术资料对应一致,交圈吻合。相关施工技术资料有:混凝土(砂浆)配合比申请单、通知单、混凝土(砂浆)试块试压强度报告等施工试验资料、施工记录、施工日志、质量评定、施工组织设计、技术交底、洽商和竣工图。

2.4 砖 及 砌 块

2.4.1 砌墙砖定义、分类、规格尺寸和技术要求

2.4.1.1 定义和分类：

砌墙砖包括以黏土、工业废料或其他地方资源为主要原料,用不同工艺制成的,用于砌筑的承重和非承重墙体的墙砖。

可分烧结砖和非烧结砖两大类。

烧结普通砖：经烧结而制成的砖,主要有:黏土砖、页岩砖、煤矸石等普通砖和烧结多孔砖、烧结空心砖和空心砌块。

非烧结砖(硅酸盐砖)：主要有以工业废渣为主要原料经蒸养或蒸压而成的砖如:粉煤灰砖、蒸压灰砂砖、蒸压粉煤灰砖、炉渣砖和碳化砖等。

2.4.1.2 砌墙砖的规格尺寸见表2-72。

砌墙砖的规格(单位:mm)　　　　表 2-72

名　　称	长	宽	厚
普通砖	240	115	53
空心砖	190	190	90
	240	115	90
	240	180	115

2.4.1.3 砌墙砖的技术要求:

(1)烧结普通砖

1)分类

按主要原料砖分为黏土砖(N)、页岩砖(Y)、煤矸石砖(M)和粉煤灰砖(F)。

2)质量等级

(A)根据抗压强度分为 MU30、MU25、MU20、MU15、MU10 5 个强度等级。

(B)强度和抗风化性能合格的砖,根据尺寸偏差、外观质量、泛霜和石灰爆裂分为优等品(A)、一等品(B)、合格品(C)三个质量等级。

优等品适用于清水墙和墙体装饰,一等品、合格品可用于混水墙。中等泛霜的砖不能用于潮湿部位。

3)规格

砖的外形为直角六面体,其公称尺寸为:长 240mm、宽 115mm、高 53mm。

4)产品标记

砖的产品标记按产品名称、规格、品种、强度等级、质量等级和标准编号顺序编写。

标记示例:规格 240mm×115mm×53mm,强度等级 MU15,一等品的黏土砖,其标记为:

烧结普通砖 N MU15 B GB/T5101

5）技术要求

（A）尺寸偏差

尺寸允许偏差应符合表2-73规定。

尺寸允许偏差（mm） 表2-73

公称尺寸	优等品		一等品		合格品	
	样本平均偏差	样本极差≤	样本平均偏差	样本极差≤	样本平均偏差	样本极差≤
240	±2.0	8	±2.5	8	±3.0	8
115	±1.5	6	±2.0	6	±2.5	7
53	±1.5	4	±1.6	5	±2.0	6

（B）外观质量

砖的外观质量应符合表2-74规定。

外观质量（mm） 表2-74

项目	优等品	一等品	合格品
两条面高度差　　　不大于	2	3	4
弯曲　　　　　　　不大于	2	3	4
杂质凸出高度　　　不大于	2	3	4
缺棱掉角的3个破坏尺寸不得同时大于	5	20	30
裂纹长度　　　　　不大于			
a)大面上宽度方向及其延伸至条面的长度；	30	60	80
b)大面上长度方向及其延伸至顶面的长度或条顶面上水平裂纹的长度	50	80	100
完整面不得少于	一条面和一顶面	一条面和一顶面	—
颜色	基本一致	—	—

注：1. 为装饰而施加的色差、凹凸纹、拉毛、压花等不算作缺陷。

2. 凡有下列缺陷之一者，不得称为完整面：

a)缺损在条面或顶面上造成的破坏面尺寸同时大于10mm×10mm。

b)条面或顶面上裂纹宽度大于1mm，其长度超过30mm。

c)压陷、粘底、焦花在条面或顶面上的凹陷或凸出超过2mm，区域尺寸同时大于10mm×10mm。

(C)强度

强度应符合表 2-75 规定。

强度等级(MPa) 表 2-75

强度等级	抗压强度平均值 f ≥	变异系数 $\delta \leq 0.21$ 强度标准值 f_k ≥	变异系数 $\delta > 0.21$ 单块最小抗压强度值 f_{min} ≥
MU30	30.0	22.0	25.0
MU25	25.0	18.0	22.0
MU20	20.0	14.0	16.0
MU15	15.0	10.0	12.0
MU10	10.0	6.5	7.5

(D)抗风化性能

(a)风化区的划分见附录 2.4A。

(b)严重风化区中的 1、2、3、4、5 地区的砖必须进行冻融试验,其他地区的砖的抗风化性能符合表 2-76 规定时可不做冻融试验,否则,必须进行冻融试验。

抗风化性能 表 2-76

项目	严重风化区				非严重风化区			
	5h沸煮吸水率(%)≤		饱和系数 ≤		5h沸煮吸水率(%)≤		饱和系数 ≤	
砖种类	平均值	单块最大值	平均值	单块最大值	平均值	单块最大值	平均值	单块最大值
砖	18	20	0.85	0.87	19	20	0.88	0.90
粉煤灰砖	21	23			23	25		
页岩砖煤矸石砖	16	18	0.74	0.77	18	20	0.78	0.80

注:粉煤灰掺入量(体积比)小于 30%时,抗风化性能指标按黏土砖规定。

(c)冻融试验后,每块砖样不允许出现裂纹、分层、掉皮、缺棱、掉角等冻坏现象;质量损失不得大于2%。

(E)泛霜

每块砖样应符合下列规定。

优等品:无泛霜。

一等品:不允许出现中等泛霜。

合格品:不允许出现严重泛霜。

(F)石灰爆裂

优等品:不允许出现最大破坏尺寸大于2mm的爆裂区域。

一等品:

(a)最大破坏尺寸大于2mm,且小于等于10mm的爆裂区域,每组砖样不得多于15处。

(b)不允许出现最大破坏尺寸大于10mm的爆裂区域。

合格品:

(a)最大破坏尺寸大于2mm且小于等于15mm的爆裂区域,每组砖样不得多于15处。其中大于10mm的不得多于7处。

(b)不允许出现最大破坏尺寸大于15mm的爆裂区域。

(G)产品中不允许有欠火砖、酥砖和螺旋纹砖。

(2)蒸压灰砂砖

1)分类

根据灰砂砖的颜色分为:彩色的(Co)、本色的(N)。

2)规格

(A)砖的外形为直角六面体。

(B)砖的公称尺寸。

长度240mm,宽度115mm,高度53mm。生产其他规格尺寸产品,由用户与生产厂协商确定。

3)强度等级

根据抗压强度和抗折强度分为 MU25,MU20,MU15,MU10 4 个等级。

4)质量等级

根据尺寸偏差和外观质量、强度及抗冻性分为：

(A)优等品(A)；

(B)一等品(B)；

(C)合格品(C)。

5)产品标记

灰砂砖产品标记采用产品名称(LSB)、颜色、强度等级、产品等级、标准编号的顺序进行,示例如下：

强度等级为 MU20,优等品的彩色灰砂砖：

LSB　　Co　　20A　　GB11945。

6)用途

(A)MU15、MU20、MU25 的砖可用于基础及其他建筑；MU10 的砖仅可用于防潮层以上的建筑。

(B)灰砂砖不得用于长期受热 200℃ 以上、受急冷急热和有酸性介质侵蚀的建筑部位。

7)技术要求

(A)尺寸偏差和外观

尺寸偏差和外观应符合表 2-77 的规定。

(B)颜色

颜色应基本一致,无明显色差,但对本色灰砂砖不作规定。

(C)抗压强度和抗折强度

抗压强度和抗折强度应符合表 2-78 的规定。

(D)抗冻性

抗冻性应符合表 2-79 的规定。

尺寸偏差和外观   表 2-77

项　　目		指　　标		
		优等品	一等品	合格品
尺寸允许偏差(mm)	长度 L	±2	±2	±3
	宽度 B	±2		
	高度 H	±1		
缺棱掉角	个数,不多于(个)	1	1	2
	最大尺寸不得大于(mm)	10	15	20
	最小尺寸不得大于(mm)	5	10	10
	对应高度差不得大于(mm)	1	2	3
裂纹	条数,不多于(条)	1	1	2
	大面上宽度方向及其延伸到条面的长度不得大于(mm)	20	50	70
	大面上长度方向及其延伸到顶面上的长度或条、顶面水平裂纹的长度不得大于(mm)	30	70	100

力　学　性　能(MPa)   表 2-78

强度等级	抗 压 强 度		抗 折 强 度	
	平均值不小于	单块值不小于	平均值不小于	单块值不小于
MU25	25.0	20.0	5.0	4.0
MU20	20.0	16.0	4.0	3.2
MU15	15.0	12.0	3.3	2.6
MU10	10.0	8.0	2.5	2.0

注:优等品的强度等级不得小于 MU15。

抗　冻　性　指　标   表 2-79

强 度 等 级	冻后抗压强度(MPa)平均值不小于	单块砖的干质量损失(%)不大于
MU25	20.0	2.0
MU20	16.0	2.0
MU15	12.0	2.0
MU10	8.0	2.0

注:优等品的强度等级不得小于 MU15。

(3)粉煤灰砖

1)分类

砖的颜色分为本色(N)和彩色(Co)。

2)规格

(A)砖的外形为直角六面体。

(B)砖的公称尺寸为:长240mm、宽115mm、高53mm。

3)等级

(A)强度等级分为MU30、MU25、MU20、MU15、MU10。

(B)质量等级根据尺寸偏差、外观质量、强度等级、干燥收缩分为优等品(A)、一等品(B)、合格品(C)。

4)产品标记

粉煤灰砖产品标记按产品名称(FB)、颜色、强度等级、质量等级、标准编号顺序编写。

示例:强度等级为20级,优等品的彩色粉煤灰砖标记为:

FB Co 20 A JC239—2001。

5)用途

(A)本标准规定的粉煤灰砖可用于工业与民用建筑的墙体和基础,但用于基础或用于易受冻融和干湿交替作用的建筑部位必须使用MU15及以上强度等级的砖。

(B)本标准规定的粉煤灰砖不得用于长期受热(200℃以上)、受急冷急热和有酸性介质侵蚀的建筑部位。

6)技术要求

(A)尺寸偏差和外观

尺寸偏差和外观应符合表2-80规定。

(B)色差

色差应不显著。

(C)强度等级

尺寸偏差和外观(mm)　　　　表 2-80

项　　目	指　　　　标		
	优等品(A)	一等品(B)	合格品(C)
尺寸允许偏差: 　长 　宽 　高	±2 ±2 ±1	±3 ±3 ±2	±4 ±4 ±3
对应高度差　　　　　≤	1	2	3
缺棱掉角的最小破坏尺寸 ≤	10	15	20
完整面　　　　　不少于	二条面和一顶面 或二顶面 和一条面	一条面和 一顶面	一条面和 一顶面
裂纹长度　　　　　≤ a)大面上宽度方向的裂纹 (包括延伸到条面上的长度); b)其他裂纹	30 50	50 70	70 100
层　　裂	不允许		

注:在条面或顶面上破坏面的两个尺寸同时大于10mm和20mm者为非完整面。

强度等级应符合表 2-81 的规定,优等品砖的强度等级应不低于 MU15。

粉煤灰砖强度指标(MPa)　　　　表 2-81

强度等级	抗　压　强　度		抗　折　强　度	
	10块平均值≥	单块值≥	10块平均值≥	单块值≥
MU30	30.0	24.0	6.2	5.0
MU25	25.0	20.0	5.0	4.0
MU20	20.0	16.0	4.0	3.2
MU15	15.0	12.0	3.3	2.6
MU10	10.0	8.0	2.5	2.0

(D)抗冻性

抗冻性应符合表 2-82 的规定。

粉煤灰砖抗冻性　　　表 2-82

强度等级	抗压强度(MPa)平均值≥	砖的干质量损失(%)单块值≤
MU30	24.0	2.0
MU25	20.0	
MU20	16.0	
MU15	12.0	
MU10	8.0	

(E)干燥收缩

干燥收缩值:优等品和一等品应不大于 0.65mm/m;合格品应不大于 0.75mm/m。

(F)碳化性能

碳化系数 K_c≥0.8。

(4)烧结多孔砖

1)分类

按主要原料砖分为黏土砖(N)、页岩砖(Y)、煤矸石砖(M)和粉煤灰砖(F)。

2)规格

砖的外型为直角六面体,其长度、宽度、高度尺寸应符合下列要求:

290,240,190,180mm;

175,140,115,90mm。

其他规格尺寸由供需双方协商确定。

3)孔洞尺寸

砖的孔洞尺寸应符合表 2-83 的规定。

孔 洞 尺 寸(mm)　　　　表 2-83

圆 孔 直 径	非圆孔内切圆直径	手 抓 孔
≤22	≤15	(30~40)×(75~85)

4)质量等级

(A)根据抗压强度分为 MU30、MU25、MU20、MU15、MU10 五个强度等级。

(B) 强度和抗风化性能合格的砖,根据尺寸偏差、外观质量、孔型及孔洞排列、泛霜、石灰爆裂分为优等品(A)、一等品(B)和合格品(C)3 个质量等级。

5)产品标记

砖的产品标记按产品名称、品种、规格、强度等级、质量等级和标准编号顺序编写。

标记示例:规格尺寸 290mm×140mm×90mm、强度等级 MU25、优等品的黏土砖,其标记为:烧结多孔砖 N　290×140×90　25A　GB13544。

6)技术要求

(A)尺寸允许偏差

尺寸允许偏差应符合表 2-84 的规定。

尺 寸 允 许 偏 差 (mm)　　表 2-84

尺　寸	优　等　品		一　等　品		合　格　品	
	样本平均偏差	样本极差≤	样本平均偏差	样本极差≤	样本平均偏差	样本极差≤
290、240	±2.0	6	±2.5	7	±3.0	8
190、180、175、140、115	±1.5	5	±2.0	6	±2.5	7
90	±1.5	4	±1.7	5	±2.0	6

(B)外观质量

砖的外观质量应符合表2-85的规定。

外 观 质 量 (mm)　　　　表2-85

项目	优等品	一等品	合格品
1.颜色(一条面和一顶面)	一致	基本一致	—
2.完整面　　不得少于	一条面和一顶面	一条面和一顶面	—
3.缺棱掉角的3个破坏尺寸不得同时大于	15	20	30
4.裂纹长度　　不大于			
a)大面上深入孔壁15mm以上宽度方向及其延伸到条面的长度	60	80	100
b)大面上深入孔壁15mm以上长度方向及其延伸到顶面的长度	60	100	120
c)条顶面上的水平裂纹	80	100	120
5.杂质在砖面上造成的凸出高度　　不大于	3	4	5

注:1.为装饰而施加的色差、凹凸纹、拉毛、压花等不算缺陷。
　　2.凡有下列缺陷之一者,不能称为完整面:
　　　a)缺损在条面或顶面上造成的破坏面尺寸同时大于20mm×30mm。
　　　b)条面或顶面上裂纹宽度大于1mm,其长度超过70mm。
　　　c)压陷、焦花、粘底在条面或顶面上的凹陷或凸出超过2mm,区域尺寸同时大于20mm×30mm。

(C)强度等级

强度等级应符合表2-86的规定。

强 度 等 级 (MPa)　　　　表2-86

强度等级	抗压强度平均值 $f \geq$	变异系数 $\delta \leq 0.21$ 强度标准值 $f_k \geq$	变异系数 $\delta > 0.21$ 单块最小抗压强度值 $f_{min} \geq$
MU30	30.0	22.0	25.0
MU25	25.0	18.0	22.0
MU20	20.0	14.0	16.0
MU15	15.0	10.0	12.0
MU10	10.0	6.5	7.5

(D)孔型孔洞率及孔洞排列

孔型孔洞率及孔洞排列应符合表 2-87 的规定。

孔型孔洞率及孔洞排列 表 2-87

产品等级	孔 型	孔洞率(%)≥	孔洞排列
优等品	矩形条孔或矩形孔	25	交错排列,有序
一等品	矩形条孔或矩形孔	25	交错排列,有序
合格品	矩形孔或其他孔形		—

注:1. 所有孔宽 b 应相等,孔长 $L \leqslant 50mm$。
 2. 孔洞排列上下、左右应对称,分布均匀,手抓孔的长度方向尺寸必须平行于砖的条面。
 3. 矩型孔的孔长 L、孔宽 b 满足式 $L \geqslant 3b$ 时,为矩型条孔。

(E)泛霜

每块砖样应符合下列规定:

优等品:无泛霜;

一等品:不允许出现中等泛霜;

合格品:不允许出现严重泛霜。

(F)石灰爆裂

优等品:不允许出现最大破坏尺寸大于 2mm 的爆裂区域。

一等品:

(a)最大破坏尺寸大于 2mm 且小于等于 10mm 的爆裂区域,每组砖样不得多于 15 处。

(b)不允许出现最大破坏尺寸大于 10mm 的爆裂区域。

合格品:

(a)最大破坏尺寸大于 2mm 且小于等于 15mm 的爆裂区域,每组砖样不得多于 15 处。其中大于 10mm 的不得多于 7 处。

(b)不允许出现最大破坏尺寸大于15mm的爆裂区域。

(G)抗风化性能

(a)风化区的划分见附录2.4—A。

(b)严重风化区中的1、2、3、4、5地区的砖必须进行冻融试验,其他地区砖的抗风化性能符合表2-76规定时可不做冻融试验,否则必须进行冻融试验。

(5)烧结空心砖和空心砌块

本标准适用于以黏土、页岩、煤矸石为主要原料,经焙烧而成的主要用于非承重部位的空心砖和空心砌块(以下简称砖和砌块)。

1)规格

(A)砖和砌块的外形为直角六面体,在与砂浆的结合面上应设有增加结合力的深度1mm以上的凹线槽,如图2-2所示。

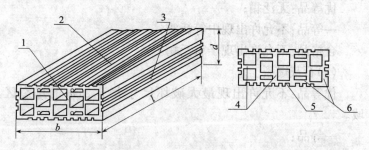

图2-2 砌块外形

1—顶面;2—大面;3—条面;4—肋;5—凹线槽;6—外壁;
l—长度;b—宽度;d—高度

(B)砖和砌块的长度、宽度、高度尺寸应符合下列要求:

(a)290,190,140,90mm;

(b)240,180(175),115mm。

注:其他规格尺寸由供需双方协商确定。

(C)砖和砌块的壁厚应大于10mm,肋厚应大于7mm。

2)孔洞

孔洞采用矩形条孔或其他孔形,且平行于大面和条面。

3)等级

(A)分级

根据密度分级为800,900,1100,3个密度级别。

(B)分等

每个密度级根据孔洞及其排数、尺寸偏差、外观质量、强度等级和物理性能分为优等品(A)、一等品(B)和合格品(C)三个等级。

(C)产品标记

砖和砌块的标记按产品名称、规格尺寸、密度级别、产品等级和国家标准编号顺序编写。

例1:尺寸290mm×190mm×90mm,密度800级,优等品空心砖,其标记为:

空心砖(290×190×90)800A-GB13545。

例2:尺寸290mm×290mm×190mm,密度900级,一等品空心砌块,其标记为:

空心砌块(290×290×190)900B-GB13545。

4)技术要求

(A)尺寸允许偏差

尺寸允许偏差应符合表2-88的规定。

尺寸允许偏差(mm) 表2-88

尺 寸	尺寸允许偏差		
	优等品	一等品	合格品
>200	±4	±5	±7
200~100	±3	±4	±5
<100	±3	±4	±4

(B)外观质量

外观质量应符合表2-89的规定。

外 观 质 量 (mm)　　　　表2-89

项　　目	优等品	一等品	合格品
1.弯曲　　　　　　不大于	3	4	5
2.缺棱掉角的3个破坏尺寸不得同时大于	15	30	40
3.未贯穿裂纹长度　不大于			
a)大面上宽度方向及其延伸到条面的长度	不允许	100	140
b)大面上长度方向或条面上水平方向的长度	不允许	120	160
4.贯穿裂纹长度　不大于			
a)大面上宽度方向及其延伸到条面的长度	不允许	60	80
b)壁、肋沿长度方向、宽度方向及其水平方向的长度	不允许	60	80
5.肋、壁内残缺长度　不大于	不允许	60	80
6.完整面　　　　　不少于	一条面和一大面	一条面或一大面	—
7.欠火砖和酥砖	不允许	不允许	不允许

注:凡有下列缺陷之一者,不能称为完整面:
1. 缺损在大面、条面上造成的破坏面尺寸同时大于20mm×30mm。
2. 大面、条面上裂纹宽度大于1mm,其长度超过70mm。
3. 压陷、粘底、焦花在大面、条面上的凹陷或凸出超过2mm,区域尺寸同时大于20mm×30mm。

(C)强度

强度应符合表2-90的规定。

强　　度(MPa)　　　　表2-90

等　级	强度等级	大面抗压强度		条面抗压强度	
		平均值不小于	单块最小值不小于	平均值不小于	单块最小值不小于
优等品	5.0	5.0	3.7	3.4	2.3
一等品	3.0	3.0	2.2	2.2	1.4
合格品	2.0	2.0	1.4	1.6	0.9

(D)密度

密度级别应符合表 2-91 的规定。

密　度(kg/m³)　　　　表 2-91

密 度 级 别	五块密度平均值
800	≤800
900	801～900
1100	901～1100

(E)孔洞及其结构

孔洞及其排数应符合表 2-92 的规定。

孔 洞 及 其 结 构　　　表 2-92

等级	孔洞排数(排)		孔洞率(%)	壁厚(mm)	肋厚(mm)
	宽度方向	高度方向			
优等品	≥5	≥2	≥35	≥10	≥7
一等品	≥3	—			
合格品	—	—			

(F)物理性能

砖和砌块的物理性能应符合表 2-93 的规定。

物 理 性 能　　　表 2-93

项 目	鉴 别 指 标
冻融	1. 优等品:不允许出现裂纹、分层、掉皮、缺棱掉角等冻坏现象; 2. 一等品、合格品: a)冻裂长度不大于表 2-89 中 3,4 的合格品规定; b)不允许出现分层、掉皮、缺棱掉角等冻坏现象
泛霜	1. 优等品:不允许出现轻微泛霜; 2. 一等品:不允许出现中等泛霜; 3. 合格品:不允许出现严重泛霜

续表

项 目	鉴 别 指 标
石灰爆裂	试验后的每块试样应符合表 2-89 中 3,4,5 的规定,同时每组试样必须符合下列要求: 1. 优等品: 在同一大面或条面上出现最大直径大于 5mm 不大于 10mm 的爆裂区域不多于一处的试样,不得多于 1 块; 2. 一等品: a)在同一大面或条面上出现最大直径大于 5mm 不大于 10mm 的爆裂区域不多于一处的试样,不得多于 3 块; b)各面出现最大直径大于 10mm 不大于 15mm 的爆裂区域不多于一处的试样,不得多于 2 块; 3. 合格品: 各面不得出现最大直径大于 15mm 的爆裂区域
吸水率	1. 优等品:不大于 22%; 2. 一等品:不大于 25%; 3. 合格品:不要求

附录 2.4—A

(标准的附录)

风化区的划分

A1 风化区用风化指数进行划分。

A2 风化指数是指日气温从正温降至负温或负温升至正温的每年平均天数与每年从霜冻之日起至消失霜冻之日止这一期间降雨总量(以 mm 计)的平均值的乘积。

A3 风化指数大于等于 12700 为严重风化区,风化指数小于 12700 为非严重风化区。全国风化区划分见表 A。

A4 各地如有可靠数据,也可按计算的风化指数划分本地区的风化区。

风 化 区 划 分　　　　　　表 A

严重风化区		非严重风化区	
1. 黑龙江省	11. 河北省	1. 山东省	11. 福建省
2. 吉林省	12. 北京市	2. 河南省	12. 台湾省
3. 辽宁省	13. 天津市	3. 安徽省	13. 广东省
4. 内蒙古自治区		4. 江苏省	14. 广西壮族自治区
5. 新疆维吾尔自治区		5. 湖北省	
		6. 江西省	15. 海南省
6. 宁夏回族自治区		7. 浙江省	16. 云南省
		8. 四川省	17. 西藏自治区
7. 甘肃省		9. 贵州省	18. 上海市
8. 青海省		10. 湖南省	19. 重庆市
9. 陕西省			
10. 山西省			

2.4.2 砌块的规格、等级、适用范围及技术要求

2.4.2.1 粉煤灰砌块

本标准适用于以粉煤灰、石灰、石膏和骨料等为原料,加水搅拌、振动成型、蒸汽养护而制成的密实砌块。

本标准规定的砌块适用于民用和工业建筑的墙体和基础。

(1)规格

砌块的主规格外形尺寸为 880mm × 380mm × 240mm, 880mm × 430mm × 240mm。

砌块端面应加灌浆槽,坐浆面宜设抗剪槽。

注:生产其他规格砌块,可由供需双方协商确定。

(2)等级

1)砌块的强度等级按其立方体试件的抗压强度分为 10 级和 13 级。

2)砌块按其外观质量、尺寸偏差和干缩性能分为一等品(B)和合格品(C)。

(3)标记

砌块按其产品名称、规格、强度等级、产品等级和标准编号顺序进行标记。

示例：

砌块的规格尺寸为 880mm×380mm×240mm，强度等级为 10 级、产品等级为一等品（B）时，标记为：

FB880×380×240-10B-JC238。

砌块的规格尺寸为 880mm×430mm×240mm，强度等级为 13 级，产品等级为合格品（C）时，标记为：

FB880×430×240-13C-JC238。

(4) 技术要求

1) 砌块的外观质量和尺寸偏差应符合表 2-94 的规定。

砌块的外观质量和尺寸允许偏差（mm） 表 2-94

项 目		指 标	
		一等品（B）	合格品（C）
外观质量	表面疏松	不允许	
	贯穿面棱的裂缝	不允许	
	任一面上的裂缝长度，不得大于裂缝方向砌块尺寸的	1/3	
	石灰团、石膏团	直径大于 5 的，不允许	
	粉煤灰团、空洞和爆裂	直径大于 30 的不允许	直径大于 50 的不允许
	局部突起高度 ≤	10	15
	翘曲 ≤	6	8
	缺棱掉角在长、宽、高 3 个方向上投影的最大值 ≤	30	50
	高低差 长度方向	6	8
	宽度方向	4	6
尺寸允许偏差	长度	+4，-6	+5，-10
	高度	+4，-6	+5，-10
	宽度	±3	±6

2)砌块的立方体抗压强度、碳化后强度、抗冻性能和密度应符合表2-95的规定。

3)砌块的干缩值应符合表2-96的规定。

砌块的立方体抗压强度、
碳化后强度、抗冻性能和密度　　表2-95

项　目	指　标	
	10级	13级
抗压强度(MPa)	3块试件平均值不小于10.0,单块最小值8.0	3块试件平均值不小于13.0,单块最小值10.5
人工碳化后强度(MPa)	不小于6.0	不小于7.5
抗冻性	冻融循环结束后,外观无明显疏松、剥落或裂缝;强度损失不大于20%	
密度(kg/m³)	不超过设计密度10%	

砌块的干缩值(mm/m)　　表2-96

一　等　品　(B)	合　格　品　(C)
≤0.75	≤0.90

2.4.2.2　普通混凝土小型空心砌块

本标准适用于工业与民用建筑用普通混凝土小型空心砌块(以下简称砌块)。

(1)等级

1)按其尺寸偏差、外观质量分为:优等品(A)、一等品(B)及合格品(C)。

2)按其强度等级分为:MU3.5、MU5.0、MU7.5、MU10.0、MU15.0、MU20.0。

(2)标记

1)按产品名称(代号 NHB)、强度等级、外观质量等级和标准编号的顺序进行标记。

2)标记示例

强度等级为 MU7.5,外观质量为优等品(A)的砌块,其标记为:

NHB　MU7.5A　GB8239。

(3)规格:

1)规格尺寸

主规格尺寸为 390mm×190mm×190mm,其他规格尺寸可由供需双方协商。

2)最小外壁厚应不小于 30mm,最小肋厚应不小于 25mm。

3)空心率应不小于 25%。

4)尺寸允许偏差应符合表 2-97 要求

(4)外观质量应符合表 2-98 规定

(5)强度等级应符合表 2-99 的规定

尺寸允许偏差(mm)　　　　　　　表 2-97

项目名称	优等品(A)	一等品(B)	合格品(C)
长度	±2	±3	±3
宽度	±2	±3	±3
高度	±2	±3	+3 -4

外　观　质　量　　　　　　　表 2-98

项　目　名　称		优等品(A)	一等品(B)	合格品(C)
弯曲(mm)　　不大于		2	2	3
掉角缺棱	个数(个)　　不多于	0	2	2
	3 个方向投影尺寸的最小值(mm)　不大于	0	20	30
	裂纹延伸的投影尺寸累计(mm)不大于	0	20	30

强 度 等 级(MPa)　　　　　　表 2-99

强度等级	砌块抗压强度	
	平均值不小于	单块最小值不小于
MU3.5	3.5	2.8
MU5.0	5.0	4.0
MU7.5	7.3	6.0
MU10.0	10.0	8.0
MU15.0	15.0	12.0
NU20.0	20.0	16.0

(6)相对含水率应符合表 2-100 规定。

相 对 含 水 率(%)　　　　　　表 2-100

使用地区	潮 湿	中 等	干 燥
相对含水率不大于	45	40	35

注：潮湿——系指年平均相对湿度大于 75% 的地区；
　　中等——系指年平均相对湿度 50%~75% 的地区；
　　干燥——系指年平均相对湿度小于 50% 的地区。

(7)抗渗性：用于清水墙的砌块，其抗渗性应满足表 2-101 的规定。

抗 渗 性(mm)　　　　　　表 2-101

项 目 名 称	指 标
水面下降高度	三块中任一块不大于 10

(8)抗冻性：应符合表 2-102 的规定。

抗 冻 性　　　　　　表 2-102

使用环境条件		抗冻等级	指 标
非采暖地区		不规定	
采暖地区	一般环境	F15	强度损失≤25%
	干湿交替环境	F25	质量损失≤5%

注：非采暖地区指最冷月份平均气温高于 -5℃ 的地区；
　　采暖地区指最冷月份平均气温低于或等于 -5℃ 的地区。

2.4.2.3 蒸压加气混凝土砌块

本标准适用于作民用与工业建筑物墙体和绝热使用的蒸压加气混凝土砌块(以下简称砌块)。

(1)规格:

1)砌块的规格尺寸见表 2-103。

砌块的规格尺寸(mm)　　　　表 2-103

砌块公称尺寸			砌块制作尺寸		
长度 L	宽度 B	高度 H	长度 L_1	宽度 B_1	高度 H_1
600	100				
	125				
	150	200			
	200				
	250	250	$L-10$	B	$H-10$
	300				
	120	300			
	180				
	240				

2)购货单位需要其他规格,可与生产厂协商确定。

(2)砌块按抗压强度和体积密度分级。

强度等级有:A1.0,A2.0,A2.5,A3.5,A5.0,A7.5,A10 七个等级。

体积密度等级有:B03,B04,B05,B06,B07,B08 六个等级。

(3)砌块按尺寸偏差与外观质量、体积密度和抗压强度分为:优等品(A)、一等品(B)、合格品(C)三个等级。

(4)砌块产品标记:

1)按产品名称(代号 ACB)、强度等级、体积密度等级、规格尺寸、产品等级和标准编号的顺序进行标记。

2)标记示例:

强度等级为 A3.5、体积密度等级为 B05、优等品、规格尺寸为 600mm×200mm×250mm 的蒸压加气混凝土砌块,其标记为:

ACB A3.5 B05 600×200×250A GB11968。

(5)技术要求

1)砌块的尺寸允许偏差和外观应符合表 2-104 的规定。

尺寸偏差和外观　　　　　表 2-104

项 目			指 标		
			优等品(A)	一等品(B)	合格品(C)
尺寸允许偏差(mm)	长度	L_1	±3	±4	±5
	宽度	B_1	±2	±3	+3 −4
	高度	H_1	±2	±3	+3 −4
缺棱掉角	个数,不多于(个)		0	1	2
	最大尺寸不得大于(mm)		0	70	70
	最小尺寸不得大于(mm)		0	30	30
平面弯曲不得大于(mm)			0	3	5
裂 纹	条数,不多于(条)		0	1	2
	任一面上的裂纹长度不得大于裂纹方向尺寸的		0	1/3	1/2
	贯穿一棱二面的裂纹长度不得大于裂纹所在面的裂纹方向尺寸总和的		0	1/3	1/3
爆裂、粘模和损坏深度不得大于(mm)			10	20	30
表面疏松、层裂			不允许		
表面油污			不允许		

2)砌块的抗压强度应符合表 2-105 的规定。

砌块的抗压强度(MPa) 表 2-105

强度等级	立方体抗压强度	
	平均值不小于	单块最小值不小于
A1.0	1.0	0.8
A2.0	2.0	1.6
A2.5	2.5	2.0
A3.5	3.5	2.8
A5.0	5.0	4.0
A7.5	7.5	6.0
A10.0	10.0	8.0

3)砌块的强度等级应符合表 2-106 的规定。

砌块的强度等级 表 2-106

体积密度等级		B03	B04	B05	B06	B07	B08
强度等级	优等品(A)			A3.5	A5.0	A7.5	A10.0
	一等品(B)	A1.0	A2.0	A3.5	A5.0	A7.5	A10.0
	合格品(C)			A2.5	A3.5	A5.0	A7.5

4)砌块的干体积密度应符合表 2-107 的规定。

砌块的干体积密度(kg/m³) 表 2-107

体积密度等级		B03	B04	B05	B06	B07	B08
体积密度	优等品(A)≤	300	400	500	600	700	800
	一等品(B)≤	330	430	530	630	730	830
	合格品(C)≤	350	450	550	650	750	850

5)砌块的干燥收缩、抗冻性和导热系数(干态)应符合表 2-108 的规定。

干燥收缩、抗冻性和导热系数　　　　表 2-108

体积密度等级		B03	B04	B05	B06	B07	B08
干燥收缩值	标准法≤ mm/m	0.50					
	快速法≤	0.80					
抗冻性	质量损失(%)≤	5.0					
	冻后强度(MPa)≥	0.8	1.6	2.0	2.8	4.0	6.0
导热系数(干态)(W/m·k)≤		0.10	0.12	0.14	0.16	—	—

注：1. 规定采用标准法、快速法测定砌块干燥收缩值，若测定结果发生矛盾不能判定时，则以标准法测定的结果为准。
　　2. 用于墙体的砌块，允许不测导热系数。

6)掺用工业废渣为原料时，所含放射性物质，应符合 GB9196 的规定。

2.4.2.4　轻骨料混凝土小型空心砌块

本标准适用于工业与民用建筑用的轻骨料混凝土小型空心砌块。

(1)类别

按砌块孔的排数分为五类：实心(0)，单排孔(1)、双排孔(2)、三排孔(3)和四排孔(4)。

(2)等级

1)按砌块密度等级分为八级：500、600、700、800、900、1000、1200、1400。

注：实心砌块的密度等级不应大于800。

2)按砌块强度等级分为六级：1.5、2.5、3.5、5.0、7.5、10.0。

3)按砌块尺寸允许偏差和外观质量，分为两个等级：一等品(B)、合格品(C)。

(3)标记

1)产品标记:轻骨料混凝土小型空心砌块(LHB)按产品名称、类别、密度等级、强度等级、质量等级和标准编号的顺序进行标记。

2)标记示例:密度等级为 600 级、强度等级为 1.5 级、质量等级为一等品的轻骨料混凝土三排孔小砌块。其标记为:

LHB(3)600　1.5B　GB/T　15229。

(4)规格尺寸

1)主规格尺寸为 390mm × 190mm × 190mm。其他规格尺寸可由供需双方商定。

2)尺寸允许偏差应符合表 2-109 要求。

规格尺寸偏差(mm)　　　　表 2-109

项 目 名 称	一 等 品	合 格 品
长度	±2	±3
宽度	±2	±3
高度	±2	±3

注:1. 承重砌块最小外壁厚不应小于 30mm,肋厚不应小于 25mm。
　　2. 保温砌块最小外壁厚和肋厚不宜小于 20mm。

(5)外观质量

外观质量应符合表 2-110 要求。

外　观　质　量　　　　表 2-110

项 目 名 称	一 等 品	合 格 品
缺棱掉角 个数(个) 不多于	0	2
3 个方向投影的最小尺寸(mm) 不大于	0	30
裂缝延伸投影的累计尺寸(mm) 不大于	0	30

(6)密度等级

密度等级应符合表2-111要求。

密 度 等 级 （kg/m³）　　　　表2-111

密度等级	砌块干燥表观密度的范围
500	≤500
600	510~600
700	610~700
800	710~800
900	810~900
1000	910~1000
1200	1010~1200
1400	1210~1400

(7)强度等级

强度等级符合表2-112要求者为一等品；密度等级范围不满足要求者为合格品。

强 度 等 级 （MPa）　　　　表2-112

强度等级	砌块抗压强度		密度等级范围
	平 均 值	最 小 值	
1.5	≥1.5	1.2	≤600
2.5	≥2.5	2.0	≤800
3.5	≥3.5	2.8	≤1200
5.0	≥5.0	4.0	≤1200
7.5	≥7.5	6.0	≤1400
10.0	≥10.0	8.0	≤1400

(8)吸水率、相对含水率和干缩率

1)吸水率不应大于20%。

2)干缩率和相对含水率应符合表2-113的要求。

干缩率和相对含水率　　　表 2-113

干缩率(%)	相对含水率(%)		
	潮　湿	中　等	干　燥
<0.03	45	40	35
0.03~0.045	40	35	30
>0.045~0.065	35	30	25

注：
1. 相对含水率即砌块出厂含水率与吸水率之比。

$$W = \frac{\omega_1}{\omega_2} \times 100$$

　　式中　W——砌块的相对含水率/%；
　　　　　ω_1——砌块出厂时的含水率/%；
　　　　　ω_2——砌块的吸水率/%。
2. 使用地区的湿度条件：
　　潮湿——系指年平均相对湿度大于75%的地区；
　　中等——系指年平均相对湿度50%~75%的地区；
　　干燥——系指年平均相对湿度小于50%的地区。

(9)碳化系数和软化系数

加入粉煤灰等火山灰质掺合料的小砌块，其碳化系数不应小于0.8；软化系数不应小于0.75。

(10)抗冻性

应符合表 2-114 的要求。

抗　冻　性　　　表 2-114

使用条件	抗冻标号	质量损失(%)	强度损失(%)
非采暖地区	F15	≤5	≤25
采暖地区：			
相对湿度≤60%	F25		
相对湿度>60%	F35		
水位变化、干湿循环或粉煤灰掺量≥取代水泥量50%时	≥F50		

注：1. 非采暖地区指最冷月份平均气温高于-5℃的地区；采暖地区系指最冷月份平均气温低于或等于-5℃的地区。
　　2. 抗冻性合格的砌块的外观质量也应符合(5)条的要求。

(11)放射性

掺工业废渣的砌块其放射性应符合 GB6566 要求。

2.4.3 有关规定

2.4.3.1 砖出厂质量合格证和试验报告单应及时整理,试验单填写做到字迹清楚,项目齐全、准确、真实,且无未了事项。

2.4.3.2 砖出厂质量合格证和试验报告单不允许涂改、伪造、随意抽撤或损毁。

2.4.3.3 砖质量必须合格,应先试验后使用,有出厂质量合格证或试验单。需采取技术处理措施的,应满足技术要求并经有关技术负责人批准后,方可使用。

2.4.3.4 合格证、试(检)验单或记录单的抄件(复印件)应注明原件存放单位,并有抄件人、抄件(复印)单位的签字和盖章。

2.4.3.5 应有出厂质量证明书。

用于承重结构或对其材质有怀疑时,应进行复试(必试项目为强度等级)。

2.4.4 砖出厂质量证明书的验收和进场砖的外观质量检查

2.4.4.1 砖出厂质量证明书的验收

砖出厂质量合格证应由生产厂家质检部门提供作为砖质量合格的依据,其中品种、强度等级、批量及平均抗压强度、最小抗压强度、抗折强度、试验日期等项要填写清楚、准确。如批量较大时,可做符合要求的抄件或复印件。

2.4.4.2 进场砖的外观质量检查

(1)抽样

外观检查的砖样,在成品堆垛中按随机抽样取得。抽样前预先确定好抽样方案,如每隔几垛,在垛上的哪一部位,取某一个位置上的几块,使所取的砖样能均匀分布于该批成品的堆垛范围中,并具有代表性,然后抽取之。外观检查的砖样为200块。

(2)外观检查方法

1)尺寸量法:长度、宽度在两个大面上的中间处测量,厚度在两个条面和顶面的中间处测量。以毫米为计量单位,不足 1mm 者按 1mm 计算。

2)缺棱掉角检查:缺棱掉角在砖上造成的破损程度,以破损部分对砖的长、宽、厚 3 个棱边的投影尺寸来度量,称为破坏尺寸。

缺棱掉角造成的破坏面,系指缺损部分对条、顶面的投影面积,只需测量两个破坏尺寸,石灰质胀裂或杂质等引起的凹坑亦按破坏面处理。

3)裂纹检查:裂纹分为长度方向、宽度方向、水平方向 3 种,以对被测方向的投影长度表示,如果裂纹从一个面延伸到其他面上时,则累计其延伸的投影长度。当空心砖的孔洞与裂纹相通时,则将孔洞包括在裂纹之内一并测量之。

4)弯曲测定:弯曲分大面和条面两种,测定时以钢尺沿棱边贴放,择其弯度最大处,量砖面至钢尺间的距离,但不应把因杂质或碰伤造成的凹处计算在内。

砖的外观质量标准详见本节砖的技术要求中外观指标。

2.4.5 砖的取样试验及其试验报告

2.4.5.1 砖的取样方法及数量

(1)取样批的确定

砌墙砖应以同一产地、同一规格。

具体规定如下:

1)烧结普通砖:每 15 万块为一验收批,不足 15 万块时亦为一验收批;

2)非烧结普通砖:每 5 万块为一验收批,不足 5 万块亦为一验收批;

3)粉煤灰砖:每 10 万块为一验收批,不足 10 万块亦为一验收批;

4)烧结多孔砖:每5万块为一验收批,不足5万块亦为一验收批;

5)烧结空心砖和空心砌砖:每3万块为一验收批,不足3万块亦为一验收批;

6)粉煤灰砌块:每200m^3为一验收批,不足200m^3亦为一验收批。

(2)取样数量

取样数量,见表2-115。

取 样 数 量　　　　　表2-115

项　目	取样数量(块)		备　注
	烧结砖	非烧结砖	
强度等级	10	10	
冻　融	5	5	另备对比5块
吸水率和饱和系数	5	5	
泛　霜	5	—	
石灰爆裂	5		
耐　水	—	5	

注:非烧结砖指非烧结普通砖,其他砖按有关规范执行。

(3)取样方法

1)按预先确定好的抽样方案在成品堆垛中随机抽取。

2)试件的外观质量必须符合成品的外观指标。

3)若对试验结果有怀疑时,可加倍抽取试样进行复试。

2.4.5.2　砖的必试项目及其合格判定

(1)砖的必试项目为:强度等级。

(2)砖必试项目合格判定:

符合砖技术要求的相应指标为合格。如不合格,应取双倍试样进行复试。再不合格该验收批判为不合格。

2.4.5.3　砖(砌块)试验报告单的内容、填制方法和要求

砖(砌块)试验报告单表样见表2-116

砖(砌块)试验报告　　　　　　　　　　表2-116

砖(砌块)试验报告 表 C4-17			编　号		
			试验编号		
			委托编号		
工程名称			试样编号		
委托单位			试验委托人		
种　类			生产厂		
强度等级		密度等级		代表数量	
试件处理日期		来样日期		试验日期	

<table>
<tr><td rowspan="11">试
验
结
果</td><td colspan="6">烧结普通砖</td></tr>
<tr><td rowspan="2">抗压强度平均值 f
（MPa）</td><td colspan="3">变异系数 $\delta \leqslant 0.21$</td><td colspan="2">变异系数 $\delta > 0.21$</td></tr>
<tr><td colspan="3">强度标准值 f_k
（MPa）</td><td colspan="2">单块最小强度值 f_k
（MPa）</td></tr>
<tr><td colspan="6">轻骨料混凝土小型空心砌块</td></tr>
<tr><td colspan="3">砌块抗压强度(MPa)</td><td colspan="3" rowspan="2">砌块干燥表观密度(kg/m³)</td></tr>
<tr><td>平均值</td><td colspan="2">最小值</td></tr>
<tr><td></td><td colspan="2"></td><td colspan="3"></td></tr>
<tr><td colspan="6">其他种类</td></tr>
<tr><td colspan="2" rowspan="2"></td><td colspan="2">抗压强度(MPa)</td><td colspan="2" rowspan="2">抗折强度(MPa)</td></tr>
<tr><td>大面</td><td>条面</td></tr>
<tr><td>平均值</td><td>最小值</td><td>平均值　最小值</td><td>平均值　最小值</td><td>平均值</td><td>最小值</td></tr>
</table>

结论：					
批　准		审　核		试　验	
试验单位					
报告日期					

本表由试验单位提供,建设单位、施工单位、城建档案馆各保存一份。

砖试验报告单中委托单位、试验委托人、工程名称、种类、强度等级、生产厂、试样编号、代表数量应由试验委托人(工地试验员)填写,其他部分由试验室人员依据试验测算结果填写清楚准确。

砖试验报告单是判定一批砖材质是否合格的依据,是施工技术资料的重要组成部分,属保证项目。报告单要求字迹清楚,项目齐全、准确、真实,无未了项,没有项目写"无"或划斜杠,试验室的签字盖章齐全。如试验单某项填写错误,不允许涂抹,应在错项上划一斜杠,将正确的填写在其上方,并在此处加盖改错者印章和试验章。

领取砖试验报告单时,应验看试验项目是否齐全,必试项目不能缺少,试验室有明确结论和试验编号,签字盖章齐全,要注意看试验单各试验项目数据是否达到规范规定的标准值,是则验收存档,否则报有关人员处理。

2.4.6 整理要求

2.4.6.1 此部分资料应归入原材料、半成品、成品出厂质量证明和质量试(检)验报告分册中;

2.4.6.2 各验收批砖合格证和试验报告,按批组合,按时间先、后顺序排列并编号,不得遗漏;

2.4.6.3 建立分目录表,并能对应一致。

2.4.7 注意事项

2.4.7.1 砖出厂质量合格证应有生产厂家质检部门的合格章。

2.4.7.2 砖试验报告应由建筑三级以上资质的试验室签发。

2.4.7.3 砖试验报告单应有试验编号,便于与试验室的有关资料查证核实。试验报告单应有明确结论并签章齐全。

2.4.7.4 领取试验报告后一定要验看报告中各项目的实测数值,是否符合规范的技术要求。

2.4.7.5 不合格单不允许抽撤。

2.4.7.6 砖资料应与其他施工技术资料对应一致,交圈吻合。相关施工技术资料有预检记录、质量评定、施工组织设计、技术交底、洽商和竣工图。

2.5 防水材料

2.5.1 防水材料分类

防水材料可分为防水卷材,防水涂料,防水密封材料,刚性防水、堵漏材料4大类。常用的品种如下:

2.5.1.1 防水卷材

改性沥青基卷材 { 弹性体改性沥青防水卷材(简称 SBS 卷材)
塑性体改性沥青防水卷材(简称 APP 卷材)
聚合物改性沥青复合胎防水卷材
自粘橡胶沥青防水卷材

合成高分子卷材 { 三元乙丙卷材
聚氯乙烯卷材(简称 PVC 卷材)
氯化聚乙烯卷材(例如常用的 603 卷材)
氯化聚乙烯—橡胶共混卷材

2.5.1.2 防水涂料

改性沥青基防水涂料 { 水性沥青基防水涂料
(例如常见的氯丁胶乳沥青防水涂料)
溶剂型沥青基防水涂料

合成高分子防水涂料 $\begin{cases} 聚氨酯防水涂料 \\ 聚合物乳液建筑防水涂料 \\ （如丙烯酸酯、硅橡胶） \\ 聚合物水泥防水涂料（简称JS复合涂料） \end{cases}$

2.5.1.3 防水密封材料
如：沥青、各种密封膏、止水带、遇水膨胀橡胶等。

2.5.1.4 刚性防水、堵漏材料（无机防水涂料）
如：水不漏、水泥基渗透结晶型防水材料等。

2.5.2 水性沥青基防水涂料

2.5.2.1 水性沥青基防水涂料分类
（1）AE-1类：

1）AE-1-A 水性石棉沥青防水涂料。

2）AE-1-B 膨润土沥青乳液。

3）AE-1-C 石灰乳化沥青。

（2）AE-2类：

1）AE-2-a 氯丁胶乳沥青。

2）AE-2-b 水乳性再生胶沥青涂料。

3）AE-2-c 用化学乳化剂配制的乳化沥青。

2.5.2.2 水性沥青基防水涂料取样方法和数量

（1）水性沥青基防水涂料以同一生产厂、同一品种、同一等级的涂料10t为一验收批，不足10t者按一批进行抽检。取样桶数应不低于$\sqrt{\dfrac{n}{2}}$桶（n是交货产品的桶数），取样的桶数见表2-117，每验收批取样2kg。

（2）取样方法：在该批中随机抽取整桶样品，逐桶检查外观质量，将取样的整桶样品，搅拌均匀后，用取样器，在液面上、中、下3个不同水平部位取相同量的样品，进行再混合，搅拌均匀后,装入样品密器中,并作好标志。

取 样 数 量(桶) 表 2-117

交货产品的桶数	取 样 数
2~10	2
11~20	3
21~35	4
36~50	5
51~70	6
71~90	7
91~125	8
126~160	9
161~200	10

注:此后每增加50桶取样数增加1桶。

2.5.2.3 水性沥青基防水涂料必试项目

(1)延伸性;

(2)柔韧性;

(3)耐热性;

(4)不透水性;

(5)粘结性;

(6)固体含量试验。

2.5.2.4 水性沥青基防水涂料标准及质量指标

(1)水性沥青基防水涂料标准(JC408—91)。

(2)水性沥青基防水涂料质量指标,见表2-118。

2.5.3 聚氨酯防水涂料

2.5.3.1 聚氨酯防水涂料取样方法及数量

(1)聚氨酯防水涂料以同一生产厂、同一品种、同一进场时间的甲组分每5t为一验收批,不足5t亦为一验收批,乙组

分按产品重量配比相应增加;

水性沥青基防水涂料质量指标　　表2-118

项目		质　量　指　标			
		AE-1		AE-2	
		一等品	合格品	一等品	合格品
外观		搅拌后为黑色或灰色均质膏体或黏稠体,搅匀和分散在水溶液中无沥青丝	搅拌后为黑色或黑灰色均质膏体或黏稠体,搅匀和分散在水溶液中无明显沥青丝	搅拌后为黑色或蓝褐色均质液体,搅拌棒上不粘附任何颗粒	搅拌后为黑色或蓝褐色液体,搅拌棒上不粘附明显颗粒
固体含量(%)不小于		50		43	
延伸性(mm)不小于	无处理	5.5	4.0	6.0	4.5
	处理后	4.0	3.0	4.5	3.5
柔韧性(℃)		5±1	10±1	-15±1	-10±1
		无裂纹、断裂			
耐热性(℃)		无流淌、起泡和滑动			
粘结性(MPa)不小于		0.20			
不透水性		不渗水			
抗冻性		20次无开裂			

(2)每一验收批按产品的配比取样,甲乙组分样品总重为2kg;

(3)取样方法:在该批中随机抽取整桶样品,抽样的桶数见表 2-117,应不低于 $\sqrt{\dfrac{n}{2}}$ (n 是进场甲组分产品的桶数)。将取样的整桶样品搅拌均匀后用取样器,在液面上、中、下 3 个不同部位取相同量的样品,进行再混合,搅拌均匀后,装入样品容器中,样品容器应留有约 5% 的空隙,密封并做好标志(甲、乙组分取样方法相同,分装不同的容器中)。

2.5.3.2 聚氨酯防水涂料必试项目

(1)拉伸强度;
(2)断裂时的延伸率;
(3)低温柔性;
(4)不透水性;
(5)固体含量。

2.5.3.3 聚氨酯防水涂料标准及质量要求

(1)聚氨酯防水涂料标准 JC500—92。
(2)聚氨酯防水涂料质量要求,见表 2-119。

聚氨酯防水涂料质量要求 表 2-119

序号	试验项目	指标 等级 要求	一等品	合格品
1	拉伸强度(MPa)	无处理大于	2.45	1.65
		加热处理	无处理值的 80%~150%	不小于无处理值的 80%
		紫外线处理	无处理值的 80%~150%	不小于无处理值的 80%
		碱处理	无处理值的 60%~150%	不小于无处理值的 60%
		酸处理	无处理值的 80%~150%	不小于无处理值的 80%

续表

序号	试验项目	指标等级要求	一等品	合格品
2	断裂时的延伸率(%)大于	无处理	450	350
		加热处理	300	200
		紫外线处理	300	200
		碱处理	300	200
		酸处理	300	200
3	加热伸缩率(%)小于	伸长	1	
		缩短	4	6
4	拉伸时的老化	加热老化	无裂缝及变形	
		紫外线处理	无裂缝及变形	
5	低温柔性(℃)	无处理	−35 无裂纹	−30 无裂纹
		加热处理	−30 无裂纹	−25 无裂纹
		紫外线处理	−30 无裂纹	−25 无裂纹
		酸处理	−30 无裂纹	−25 无裂纹
		碱处理	−30 无裂纹	−25 无裂纹
6	不透水性(0.3MPa,30min)		不渗漏	
7	固体含量(%)		≥94	
8	适用时间(min)		≥20 黏度不大于 10^5 MPa·s	
9	涂膜表干时间(h)		≤4 不粘手	
10	涂膜实干时间(h)		≤12 无粘着	

2.5.4 溶剂型沥青基防水涂料

2.5.4.1 取样方法及数量(同 2.5.1 水性沥青基防水涂料)

2.5.4.2 必试项目:延伸性、耐热性、不透水性、低温柔度、粘结强度、固体含量。

2.5.4.3 指标要求:见表2-120

指标要求　　　　表2-120

序号	项目		溶剂型
			沥青基
1	干燥时间(h),不小于	表干	2
		实干	24
2	延伸性(mm)不小于	无处理	4.5
		碱处理	3.5
		热处理	3.5
		紫外线处理	3.5
3	固含量(%),不小于		45
4	粘结强度(MPa),不小于		0.2
5	耐热性,(80 ± 2)℃,5h		不流淌,不起泡
6	抗冻性,冻融20次		不开裂
7	不透水性	压力(MPa)	0.1
		时间(min)	30
8	柔度,-10℃,$r=5mm$		无开裂

2.5.5 聚合物水泥防水涂料(JS防水涂料)

本标准适用于以丙烯酸酯等聚合物乳液和水泥为主要原料,加入其他外加剂制得的双组分水性建筑防水涂料,所用原材料不应对环境和人体健康构成危害。

2.5.5.1 类型

产品分为Ⅰ型和Ⅱ型两种。

Ⅰ型:以聚合物为主的防水涂料;
Ⅱ型:以水泥为主的防水涂料。

2.5.5.2 用途

Ⅰ型产品主要用于非长期浸水环境下的建筑防水工程;Ⅱ型产品适用于长期浸水环境下的建筑防水工程。

2.5.5.3 产品标记

(1)标记方法

产品按下列顺序标记:名称、类型、标准号。

(2)标记示例

Ⅰ型聚合物水泥防水涂料标记为:

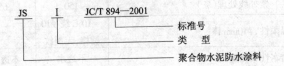

2.5.5.4 外观

产品的两组份经分别搅拌后,其液体组份应为无杂质、无凝胶的均匀乳液;固体组份应为无杂质、无结块的粉末。

2.5.5.5 物理力学性能

产品物理力学性能应符合表2-121的要求。

物理力学性能　　　表2-121

序号	试验项目		技术指标	
			Ⅰ型	Ⅱ型
1	固体含量(%) ≥		65	
2	干燥时间	表干时间(h) ≤	4	
		实干时间(h) ≤	8	

续表

序号	试验项目		技术指标	
			Ⅰ型	Ⅱ型
3	拉伸强度	无处理(MPa) ≥	1.2	1.8
		加热处理后保持率(%) ≥	80	80
		碱处理后保持率(%) ≥	70	80
		紫外线处理后保持率(%) ≥	80	80①
4	断裂伸长率	无处理(%) ≥	200	80
		加热处理(%) ≥	150	65
		碱处理(%) ≥	140	65
		紫外线处理(%) ≥	150	65①
5	低温柔性,ϕ10mm棒		-10℃绕ϕ10圆棒,无裂纹	—
6	不透水性,0.3MPa,30min		不透水	不透水①
7	潮湿基面粘结强度(MPa) ≥		0.5	1.0
8	抗渗性(背水面)②(MPa) ≥			0.6

① 如产品用于地下工程,该项目可不测试。
② 如产品用于地下防水工程,该项目必须测试。

2.5.5.6 取样方法和数量

聚合物水泥防水涂料应以同一生产厂、同一品种、同一进场时间,每10t为一验收批,取样方法同《聚氨酯防水涂料》JC500—92方法进行。

2.5.5.7 聚合物水泥防水涂料必试项目

拉伸强度、断裂伸长率、低温柔度、不透水性。

2.5.6 弹性体改性沥青防水卷材

本标准适用于聚酯毡或玻纤毡为胎基、苯乙烯-丁二烯-苯乙烯(SBS)热塑性弹性体作改性剂,两面覆以隔离材料所制成的建筑防水卷材(简称"SBS卷材")。

本标准不适用于其他改性沥青、胎基和上表面材料制成的沥青防水卷材。

2.5.6.1 类型

(1)按胎基分为聚酯胎(PY)和玻纤胎(G)两类。

(2)按上表面隔离材料分为聚乙烯膜(PE)、细砂(S)与矿物粒(片)料(M)三种。

(3)按物理力学性能分为Ⅰ型和Ⅱ型。

(4)卷材按不同胎基,不同上表面材料分为6个品种,见表2-122。

卷 材 品 种　　　　　　　表2-122

胎基 上表面材料	聚 酯 胎	玻 纤 胎
聚乙烯膜	PY-PE	G-PE
细砂	PY-S	G-S
矿物粒(片)料	PY-M	G-M

2.5.6.2 规格

(1)幅宽 1000mm。

(2)厚度

聚酯胎卷材　3mm 和 4mm;

玻纤胎卷材　2mm、3mm 和 4mm。

(3)面积　每卷面积分为 $15m^2$、$10m^2$ 和 $7.5m^2$。

2.5.6.3 标记

(1)标记方法

卷材按下列顺序标记:

弹性体改性沥青防水卷材、型号、胎基、上表面材料、厚度和本标准号。

(2)标记示例

3mm厚砂面聚酯胎Ⅰ型弹性体改性沥青防水卷材标记为:

SBS I PY S3 GB 18242。

2.5.6.4 用途

SBS卷材适用于工业与民用建筑的屋面及地下防水工程,尤其适用于较低气温环境的建筑防水。

2.5.6.5 卷重、面积及厚度

卷重、面积及厚度应符合表2-123规定。

卷重、面积及厚度 表2-123

规格(公称厚度)(mm)		2		3			4				
上表面材料		PE	S	PE	S	M	PE	S	M	PE	S	M
面积 (m²/卷)	公称面积	15		10			10			7.5		
	偏差	±0.15		±0.10			±0.10			±0.10		
最低卷重(kg/卷)		33.0	37.5	32.0	35.0	40.0	42.0	45.0	50.0	31.5	33.0	37.5
厚度 (mm)	平均值≥	2.0		3.0	3.2		4.0	4.2		4.0		4.2
	最小单值	1.7		2.7	2.9		3.7	3.9		3.7		3.9

2.5.6.6 外观

(1)成卷卷材应卷紧卷齐,端面里进外出不得超过10mm。

(2)成卷卷材在4~50℃任一产品温度下展开,在距卷芯1000mm长度外不应有10mm以上的裂纹或粘结。

(3)胎基应浸透,不应有未被浸渍的条纹。

(4)卷材表面必须平整,不允许有孔洞、缺边和裂口,矿物粒(片)料粒度应均匀一致并紧密地粘附于卷材表面。

(5)每卷接头处不应超过1个,较短的一段不应少于1000mm,接头应剪切整齐,并加长150mm。

2.5.6.7 物理力学性能

物理力学性能应符合表 2-124 规定。

物理力学性能　　表 2-124

序号	胎基 型号			PY I	PY II	G I	G II
1	可溶物含量 (g/m^2) ≥		2mm	—		1300	
			3mm	2100			
			4mm	2900			
2	不透水性	压力(MPa)≥		0.3		0.2	0.3
		保持时间(min)≥		30			
3	耐热度(℃)			90	105	90	105
				无滑动、流淌、滴落			
4	拉力(N/50mm)≥		纵向	450	800	350	500
			横向			250	300
5	最大拉力时延伸率(%)≥		纵向	30	40	—	—
			横向				
6	低温柔度(℃)			-18	-25	-18	-25
				无裂纹			
7	撕裂强度(N)≥		纵向	250	350	250	350
			横向			170	200
8	人工气候加速老化	外观		1 级			
				无滑动、流淌、滴落			
		拉力保持率(%)≥	纵向	80			
		低温柔度(℃)		-10	-20	-10	-20
				无裂纹			

注：表中 1~6 项为强制性项目。

2.5.6.8 取样方法：

(1)以同一生产厂的同一品种、同一等级的产品,大于1000卷抽5卷,100~499卷抽4卷,100卷以下抽2卷,进行规格尺寸和外观质量检验。在外观质量检验合格的卷材中,任取一卷做物理性质检验。

(2)将试样卷材切除距外层卷头2500mm后,顺纵向切取800mm的全幅卷材试样2块,一块做物理性能检验用,另一块备用。

2.5.6.9 必试项目:拉力,最大拉力时(延伸率、不透水性、柔度、耐热度)。

2.5.7 塑性体改性沥青防水卷材

本标准适用于以聚酯毡或玻纤毡为胎基、无规聚丙烯(APP)或聚烯烃类聚合物(APAO、APO)做改性剂,两面覆以隔离材料所制成的建筑防水卷材(统称APP卷材)。

本标准不适用于其他改性沥青、胎基和上表面材料制成的沥青防水卷材。

2.5.7.1 类型

(1)按胎基分为聚酯胎(PY)和玻纤胎(G)两类。

(2)按上表面材料分为聚乙烯膜(PE)、细砂(S)与矿物粒(片)料(M)三种。

(3)按物理力学性能分为Ⅰ型和Ⅱ型。

(4)卷材按不同胎基,不同上表面材料分为6个品种,见表2-125。

2.5.7.2 规格

(1)幅度 1000mm。

(2)厚度

聚酯胎卷材 3mm和4mm;

玻纤胎卷材 2mm、3mm 和 4mm。

(3)面积 每卷面积分为 $15m^2$、$10m^2$ 和 $7.5m^2$。

卷 材 品 种　　　　　　表 2-125

胎 基 上表面材料	聚酯胎	玻纤胎
聚乙烯膜	PY-PE	G-PE
细　砂	PY-S	G-S
矿物粒(片)料	PY-M	G-M

2.5.7.3 标记

(1)标记方法

卷材按下列顺序标记：

塑性体改性沥青防水卷材、型号、胎基、上表面材料、厚度和本标准号。

(2)标记示例

3mm 厚砂面聚酯胎Ⅰ型塑性体改性沥青防水卷材标记为：

APP Ⅰ PY S3 GB 18243。

2.5.7.4 用途

APP 卷材适用于工业与民用建筑的屋面和地下防水工程，以及道路、桥梁等建筑物的防水，尤其适用于较高气温环境的建筑防水。

2.5.7.5 技术要求

(1)卷重、面积及厚度

卷重、面积及厚度应符合表 2-126 规定。

(2)外观

1)成卷卷材应卷紧卷齐,端面里进外出不得超过 10mm。

2)成卷卷材在 4～60°C 任一产品温度下展开,在距卷芯

1000mm 长度外不应有 10mm 以上的裂纹或粘结。

卷重、面积及厚度　　　　　表 2-126

规格(公称厚度)(mm)		2		3			4					
上表面材料 || PE	S	PE	S	M	PE	S	M	PE	S	M
面积 (m²/卷)	公称面积	15		10			10			7.5		
	偏差	±0.15		±0.10			±0.10			±0.10		
最低卷重(kg/卷) || 33.0	37.5	32.0	35.0	40.0	42.0	45.0	50.0	31.5	33.0	37.5
厚度 (mm)	平均值≥	2.0		3.0	3.2		4.0	4.2		4.0	4.2	
	最小单值	1.7		2.7	2.9		3.7	3.9		3.7	3.9	

3)胎基应浸透,不应有未被浸渍的条纹。

4)卷材表面必须平整,不允许有孔洞、缺边和裂口,矿物粒(片)料粒度应均匀一致并紧密地粘附于卷材表面。

5)每卷接头处不应超过 1 个,较短的一段不应少于 1000mm,接头应剪切整齐,并加长 150mm。

(3)物理力学性能

物理力学性能应符合表 2-127 规定。

物 理 力 学 性 能　　　　　表 2-127

序号	胎　　　基		PY		G	
	型　　　号		Ⅰ	Ⅱ	Ⅰ	Ⅱ
1	可溶物含量 (g/m²) ≥	2mm	—		1300	
		3mm	2100			
		4mm	2900			
2	不透水性	压力(MPa)≥	0.3		0.2	0.3
		保持时间(min)≥	30			

续表

序号	胎 基 型号		PY I	PY II	G I	G II
3	耐热度(°C)①		110	130	110	130
			无滑动、流淌、滴落			
4	拉力(N/50mm)≥	纵向	450	800	350	500
		横向			250	300
5	最大拉力时延伸率(%)≥	纵向	25	40	—	
		横向				
6	低温柔度(°C)		-5	-15	-5	-15
			无裂纹			
7	撕裂强度(N)≥	纵向	250	350	250	350
		横向			170	200
8	人工气候加速老化	外观	1级			
			无滑动、流淌、滴落			
		拉力保持率(%)≥ 纵向	80			
		低温柔度(°C)	3	10	3	10
			无裂纹			

注：表中1~6项为强制性项目。
①当需要耐热度超过130°C卷材时，该指标可由供需双方协商确定。

2.5.7.6 取样方法

同弹性体改性沥青防水卷材(GB18242—2000)。

2.5.7.7 必试项目

同弹性体改性沥青防水卷材(GB18242—2000)。

2.5.8 三元乙丙防水卷材

2.5.8.1 三元乙丙防水卷材取样方法及数量

(1)三元乙丙防水卷材以同一生产厂、同一规格、同一等级的卷材,不超过3000m为一验收批。

(2)在一验收批中抽取3卷,经规格尺寸和外观质量检验合格后,任取合格卷中的1卷,截去端头300mm后,纵向裁取1.8m,做为测定厚度和物理性能试验用样品。

2.5.8.2 三元乙丙防水卷材必试项目

(1)拉伸强度;

(2)扯断伸长率;

(3)不透水性;

(4)低温弯折性。

2.5.8.3 三元乙丙防水卷材标准及指标要求

(1)三元乙丙防水卷材标准《高分子防水材料第一部分》GB18173.1—2000。

(2)三元乙丙防水卷材指标要求,见表2-128。

指 标 要 求　　　　表2-128

序号	项 目		指标	
			一等品	合格品
1	拉伸强度(MPa) ≥		8	7
2	扯断伸长率(%) ≥		450	450
3	直角型撕裂强度(N/cm) ≥		280	245
4	不透水性	0.3MPa×30min	合格	—
		0.1MPa×30min	—	合格
5	粘合性能(胶与胶)	无处理	合格	合格
		热空气老化 80℃×168h	合格	合格
		耐碱性 10%Ca(OH)$_2$×168h	合格	合格

续表

序号	项目		指标	
			一等品	合格品
6	低温弯折性(℃)≤			-40
7	耐碱性 10%Ca(OH)$_2$ ×168h 室温	拉伸强度变化率	-20~20	-20~20
		扯断伸长率(%),变化率(%) 减小值,不超过	20	20

2.5.9 聚氯乙烯防水卷材

2.5.9.1 聚氯乙烯防水卷材取样方法、数量

(1)以同一生产厂、同一类型、同一规格的卷材,不超过5000m^2 为一验收批。

(2)在该批中随机抽取一组3卷外观质量合格卷材,任取1卷在距端部300mm处裁取约3000mm用于厚度的检验和物理力学性能试验所需的样片。

2.5.9.2 聚氯乙烯防水卷材必试项目

(1)拉伸强度;

(2)断裂伸长率;

(3)低温弯折性;

(4)抗渗透性。

如特殊工程需要可加试耐热度。

2.5.9.3 聚氯乙烯防水卷材标准及指标要求

(1)聚氯乙烯防水卷材标准 GB12952—2003。

(2)聚氯乙烯防水卷材指标要求,见表2-129。

2.5.10 氯化聚乙烯防水卷材

2.5.10.1 氯化聚乙烯防水卷材取样方法及要求

(1)氯化聚乙烯防水卷材以同一生产厂、同一类型、同一

规格的卷材不超过 5000m² 为一验收批。

指 标 要 求　　　　　　表 2-129

序号	项目	P型			S型	
		优等品	一等品	合格品	一等品	合格品
1	拉伸强度(MPa)不小于	15.0	10.0	7.0	5.0	2.0
2	断裂伸长率(%)不小于	250	200	150	200	120
3	热处理尺寸变化率(%)不小于	2.0	2.0	3.0	5.0	7.0
4	低温弯折性(-20℃)	无裂纹				
5	抗渗透性	不透水				
6	抗穿孔性	不渗水				
7	剪切状态下的粘合性	$Q_{sa} \geq 2.0$N/mm 或在接缝处断裂				

(2)经检验合格后的卷材,任取 1 卷,在距端部 300mm 处裁取约 3m,用于厚度试验和物理力学性能试验所需的试样。

2.5.10.2 氯化聚乙烯防水卷材必试项目

(1)拉伸强度;

(2)断裂伸长率;

(3)低温弯折性;

(4)抗渗透性。

2.5.10.3 氯化聚乙烯防水卷材标准及指标要求

(1)氯化聚乙烯防水卷材标准 GB12953—2003。

(2)氯化聚乙烯防水卷材指标要求,见表 2-130。

指 标 要 求　　　　　　表 2-130

序号	项目	Ⅰ型			Ⅱ型		
		优等品	一等品	合格品	优等品	一等品	合格品
1	拉伸强度(MPa)不小于	12.0	8.0	5.0	12.0	8.0	5.0
2	断裂伸长率(%)不小于	300	200	100	10		

续表

序号	项目	Ⅰ型			Ⅱ型		
		优等品	一等品	合格品	优等品	一等品	合格品
3	热处理尺寸变化率(%)不小于	纵向 2.5 横向 1.5		3.0	1.0		
4	低温弯折性	-20℃,无裂纹					
5	抗渗透性	不透水					
6	抗穿孔性	不渗水					
7	剪切状态下的粘合性(N/mm)不小于	2.0					

注:Ⅱ型卷材断裂伸长率是指最大拉力时的延伸率。

2.5.11 氯化聚乙烯-橡胶共混防水卷材

2.5.11.1 氯化聚乙烯-橡胶共混防水卷材取样方法及要求

取样方法可参照三元乙丙卷材标准执行,批量为 5000m。

2.5.11.2 氯化聚乙烯-橡胶共混防水卷材必试项目

(1)不透水性;
(2)低温弯折性;
(3)拉伸强度;
(4)断裂伸长率;
(5)粘结剥离强度。

2.5.11.3 氯化聚乙烯-橡胶共混防水卷材技术指标

氯化聚乙烯-橡胶共混防水卷材按《氯化聚乙烯-橡胶共混防水卷材》(JC/T 684—1997)评定,物理性能应符合表2-131的规定。

物 理 性 能　　　　表 2-131

序号	项目		指标 S型	指标 N型
1	拉伸强度(MPa)	纵横向均应≥	7.0	5.0
2	断裂伸长度(%)	纵横向均应≥	400	250
3	不透水性(30min)		0.3MPa 不透水	0.2MPa 不透水
4	低温弯折性		-40℃合格	-20℃合格
5	粘结剥离强度(卷材与卷材)	(kN/m) ≥	2.0	
		浸水168h,剥离强度保持率(%)≥	70	

注：依据京建材行字(1998)11号文件，原北京市防水材料准用证管理范围内执行《硫化型橡塑防水卷材》(BJ/RZ07—94)技术指标的硫化型橡塑防水卷材中的L型、G型分别改称为S型、N型；原硫化型橡塑防水卷材中的Z型产品名称不变，仍执行《硫化型橡塑防水卷材》(BJ/RZ07—94)技术指标，即物理性能应符合表2-132的规定。

物 理 性 能　　　　表 2-132

序号	项目	Z型指标
1	扯断强度(MPa)纵横均≥	3.0
2	扯断伸长率(%)纵横均≥	200
3	不透水性	0.1MPa,30min
4	低温弯折性	-15℃
5	剪切状态下的粘合性≥	2.0N/mm

2.5.12 整理要求

2.5.12.1 此部分资料应归入原材料、半成品、成品出厂质量证明和质量试(检)验报告分册。

2.5.12.2 合格证应折成16开纸大小，或贴在16开纸上。

2.5.12.3 各验收批防水材料合格证和试验报告，按批组合,按时间先后顺序排列并编号,不得遗漏。

2.5.12.4 建立分目录表,并能对应一致。

2.5.13 注意事项

2.5.13.1 防水材料实行备案管理制度,在北京市建委备案的生产厂商及其产品的名录在互联网上向社会公布,每月刷新一次(网址为 www.bjjs.gov.cn)。建筑工程使用的防水材料应从已备案的生产厂及品种中选用。

2.5.13.2 防水材料实行见证取样制度。单位工程见证取样批次应不少于该工程防水材料总试验批次的30%且不得少于2次。

见证取样记录表一式3份,试验委托方、见证方、试验室各执一份存档。

2.5.13.3 工程选用的防水材料应有市建材质量监督检验站(盖供货方红章有效)报告单,厂方质检报告单或合格证及现场抽样试验报告单做为工程资料归档。

2.5.13.4 防水材料进场后要按规定标准抽验外观质量、卷材厚度(卷重),外观合格方可抽样送试。送试时应携市建材质量监督检验站报告单,厂方质检报告单及使用说明书交试验室验看,属见证取样试验的应交见证记录表。无包装、标识的产品禁止进场。

2.5.13.5 试验室收样人应核查委托单内容是否与来样相符,尤其应注意卷材厚度,当发现卷材厚度与委托单不符时可拒收或在报告单结论栏中注明。试验室不允许接收委托方制好的防水涂料膜片或双组分防水涂料的混合物。

2.5.13.6 领取防水材质报告单一定要验看各项目的实测数值是否符合规范的技术要求。

2.5.13.7 防水材料不合格报告单后应附双倍试件复试

合格试验报告单或处理报告,不合格单不允许抽撤。

2.6 外 加 剂

2.6.1 混凝土外加剂的分类、名称及定义

混凝土外加剂是指在拌制混凝土过程中掺入,用以改善混凝土性能的物质。掺量不大于水泥质量的5%(特殊情况除外,例:膨胀剂,防冻剂)。

2.6.1.1 分类

混凝土外加剂按其主要功能分为四类:

(1)改善混凝土拌合物流变性能的外加剂。包括各种减水剂、引气剂和泵送剂等。

(2)调节混凝土凝结时间、硬化性能的外加剂。包括缓凝剂、早强剂和速凝剂等。

(3)改善混凝土耐久性的外加剂。包括引气剂、防水剂和阻锈剂等。

(4)改善混凝土其他性能的外加剂。包括加气剂、膨胀剂、防冻剂、着色剂、防水剂、泵送剂等。

2.6.1.2 名称及定义

只包括已实行准用管理的外加剂。

(1)普通减水剂:在混凝土坍落度基本相同的条件下,能减少拌合用水量的外加剂。

(2)高效减水剂:在混凝土坍落度基本相同的条件下,能大幅度减少拌合用水量的外加剂。

(3)早强减水剂:兼有早强和减水功能的外加剂。

(4)缓凝高效减水剂:兼有缓凝和大幅度减少拌合用水量的外加剂。

(5)缓凝减水剂:兼有缓凝和减水功能的外加剂。

(6)引气减水剂:兼有引气和减水功能的外加剂。

(7)早强剂:加速混凝土早期强度发展的外加剂。

(8)缓凝剂:延长混凝土凝结时间的外加剂。

(9)引气剂:在搅拌混凝土过程中能引入大量均匀分布、稳定而封闭的微小气泡的外加剂。

(10)防水剂:能降低混凝土在静水压力下的透水性的外加剂。

(11)泵送剂:能改善混凝土拌合物泵送性能的外加剂。

(12)防冻剂:能使混凝土在负温下硬化,并在规定时间内达到足够防冻、强度的外加剂。

(13)膨胀剂:能使混凝土产生一定体积膨胀的外加剂。

(14)速凝剂:能使混凝土迅速凝结硬化的外加剂。

2.6.2 混凝土外加剂的代表批量

2.6.2.1 依据《混凝土外加剂》(GB8076—1997)标准试验的混凝土外加剂:掺量大于1%(含1%)的同品种外加剂每一编号为100t,掺量小于1%的外加剂每一编号为50t,不足100t或50t的也可按一个批量计,同一编号的产品必须混合均匀。

2.6.2.2 防水剂:年产500t以上的防水剂每50t为一批,年产500t以下的防水剂每30t为一批,不足50t或30t也可按一个批量计。

2.6.2.3 泵送剂:年产500t以上,每50t泵送剂为一批;年产500t以下,30t一批;不足50t也可作为一批。

2.6.2.4 防冻剂:每50t防冻剂为一批,不足50t也可作为一批。

2.6.2.5 速凝剂:每20t速凝剂为一批,不足20t也可作为一批。

2.6.2.6 膨胀剂：每60t膨胀剂为一批，不足60t也可作为一批。

2.6.3 建筑结构工程(含现浇混凝土和预制混凝土构件)用的混凝土外加剂现场复试项目

2.6.3.1 必试项目(现场复试项目)：根据京建材[1996]303号文件规定见表2-133。必试项目的性能指标见表2-134。

必 试 项 目　　　　　　　　　　表2-133

品　种	检　验　项　目	检验标准
普通减水剂	钢筋锈蚀、28d抗压强度比、减水率	GB8076—1997
高效减水剂	钢筋锈蚀、28d抗压强度比、减水率	GB8076—1997
早强减水剂	钢筋锈蚀、1d和28d抗压强度比、减水率	GB8076—1997
缓凝减水剂	钢筋锈蚀、28d抗压强度比、减水率、凝结时间差	GB8076—1997
引气减水剂	钢筋锈蚀、28d抗压强度比、减水率、含气量	GB8076—1997
缓凝高效减水剂	钢筋锈蚀、28d抗压强度比、减水率、凝结时间差	GB8076—1997
早强剂	钢筋锈蚀、1d和28d抗压强度比	GB8076—1997
缓凝剂	钢筋锈蚀、28d抗压强度比、凝结时间差	GB8076—1997
引气剂	钢筋锈蚀、28d抗压强度比、含气量	GB8076—1997
泵送剂	钢筋锈蚀、28d抗压强度比、坍落度保留值、压力泌水率比	JC473—2001
防水剂	钢筋锈蚀、28d抗压强度比、渗透高度比 注：潮湿环境混凝土结构工程所使用的外加剂还应复试碱含量	JC474—1999
防冻剂	钢筋锈蚀、-7d和-7+28d抗压强度比	JC475—92
膨胀剂	钢筋锈蚀、28d抗压和抗折强度、限制膨胀率	JC476—2001
喷射用速凝剂	钢筋锈蚀、凝结时间、28d抗压强度比	JC477—92

必试项目的性能指标 表 2-134

试验项目		普通减水剂 一等品	普通减水剂 合格品	高效减水剂 一等品	高效减水剂 合格品	早强减水剂 一等品	早强减水剂 合格品	缓凝减水剂 一等品	缓凝减水剂 合格品	引气减水剂 一等品	引气减水剂 合格品
减水率(%)不小于		8	5	12	10	8	5	8	5	10	10
含气量(%)		—	—	—	—	—	—	—	—	>3.0	
凝结时间之差(min)	初凝							>+90			
	终凝							—			
净浆凝结时间(min)不迟于	初凝										
	终凝										
压力泌水率比(%)不大于		—								—	
坍落度保留值(cm)不小于	30min										
	60min										
渗透高度比(%)不大于											
28d抗压强度(MPa)不小于											
28d抗折强度(MPa)不小于											
限制膨胀率(%)不小于	水中14d										
	空气中28d										
抗压强度比(%)不小于	1d	—		—		140	130	—		—	
	28d	110	105	120	110	105	100	110	105	100	
	规定温度(℃) −5 −7d										
	−5 −7+28d										
	−10 −7d		—								
	−10 −7+28d										
	−15 −7d										
	−15 −7+28d										
对钢筋锈蚀作用		应说明对钢筋有无锈蚀危害									

续表

试验项目			缓凝高效减水剂 一等品	缓凝高效减水剂 合格品	早强剂 一等品	早强剂 合格品	缓凝剂 一等品	缓凝剂 合格品	引气剂 一等品	引气剂 合格品	泵送剂 一等品	泵送剂 合格品
减水率(%)不小于			12	10	—	—	—	—	—	—	—	—
含气量(%)			—	—	—	—	—	—	>3.0		—	—
凝结时间之差(min)	初凝		>+90		—	—	>+90		—	—	—	—
	终凝											
净浆凝结时间(min)不迟于	初凝		—	—								
	终凝											
压力泌水率比(%)不大于			—	—	—	—	—	—	—	—	95	100
坍落度保留值(cm)不小于	30min										12	10
	60min										10	8
渗透高度比(%)不大于												
28d抗压强度(MPa)不小于												
28d抗折强度(MPa)不小于												
限制膨胀率(%)不小于	水中14d											
	空气中28d											
抗压强度比(%)不小于	1d		—	—	135	125	—	—	—	—	—	—
	28d		120	110	100	95	100	90	90	80	85	80
	规定温度(℃)	-5	-7d									
			-7+28d									
		-10	-7d	—								
			-7+28d									
		-15	-7d									
			-7+28d									
对钢筋锈蚀作用			应说明对钢筋有无锈蚀危害									

续表

试验项目	防水剂 合格品	防冻剂 一等品	防冻剂 合格品	膨胀剂 一等品	膨胀剂 合格品	喷射用速凝剂 一等品	喷射用速凝剂 合格品
减水率(%)不小于	—	—	—	—	—	—	—
含气量(%)	—	—	—	—	—	—	—
凝结时间之差(min) 初凝	—						
凝结时间之差(min) 终凝	—						
净浆凝结时间(min)不迟于 初凝						3	5
净浆凝结时间(min)不迟于 终凝						10	10
压力泌水率比(%)不大于	—						
坍落度保留值(cm)不小于 30min							
坍落度保留值(cm)不小于 60min							
渗透高度比(%)不大于	30						
28d抗压强度(MPa)不小于				47.0			
28d抗折强度(MPa)不小于				6.8			
限制膨胀率(%)不小于 水中14d				0.04	0.02		
限制膨胀率(%)不小于 空气中28d				−0.02			
抗压强度比(%)不小于 1d		—	—				
抗压强度比(%)不小于 28d	100	—	—			75	70
抗压强度比(%)不小于 规定温度(℃) −5 −7d		20	20				
抗压强度比(%)不小于 规定温度(℃) −5 −7+28d		95	90				
抗压强度比(%)不小于 规定温度(℃) −10 −7d		12	12				
抗压强度比(%)不小于 规定温度(℃) −10 −7+28d		90	85				
抗压强度比(%)不小于 规定温度(℃) −15 −7d		10	10				
抗压强度比(%)不小于 规定温度(℃) −15 −7+28d		85	80				
对钢筋锈蚀作用		应说明对钢筋有无锈蚀危害					

2.6.4 外加剂的选择、掺量、质量控制

2.6.4.1 外加剂的选择

(1)外加剂的品种应根据工程设计和施工要求选择,通过试验及技术经济比较确定。

(2)外加剂掺入混凝土中,不得对人体产生危害,不得对环境产生污染。

(3)掺外加剂混凝土所用水泥,宜采用硅酸盐水泥、普通硅酸盐水泥、矿渣硅酸盐水泥、火山灰质硅酸盐水泥和粉煤灰硅酸盐水泥,复合硅酸盐水泥,并应检验外加剂对水泥的适应性,符合要求方可使用。

(4)掺外加剂混凝土所用材料如水泥、砂、石、掺合料、外加剂均应符合国家现行的有关标准的要求。试配外加剂混凝土时,应采用工程使用的原材料,配合比及与施工相同的环境条件,检测项目根据设计及施工要求确定,如坍落度、坍落度经时变化、凝结时间、强度、含气量、收缩率、膨胀率等,当工程所用原材料或混凝土性能要求发生变化时,应再进行试配试验。

(5)不同品种外加剂复合使用,应注意其相容性及对混凝土性能的影响,使用前应进行试验,满足要求方可使用。

2.6.4.2 外加剂掺量

(1)外加剂掺量应以胶凝材料质量的百分比表示,或以 mL/kg 胶凝材料表示,计量允许偏差为 ±2%。

(2)外加剂的掺量应按供货单位推荐掺量、使用要求、施工条件、混凝土原材料等因素通过试验确定。

(3)对含有氯离子、硫酸根等离子的外加剂应符合本规范及有关标准的规定。

(4)处于与水相接触或潮湿环境中的混凝土,当使用碱活

性骨料时,由外加剂带入的碱含量(当量氧化钠含量)不宜超过 1kg/m³ 混凝土,混凝土总碱含量尚应符合有关标准的规定。

2.6.4.3 外加剂的质量控制

(1)选用的外加剂应有供货单位提供的下列技术文件:

1)产品说明书;

2)出厂检验报告及合格证;

3)掺外加剂混凝土性能检验报告。

(2)外加剂运到工地(或混凝土搅拌站)必须立即取代表性样品进行检验,进货与工程试配时一致,方可使用。若发现不一致时,应停止使用。

(3)外加剂应按不同供货单位、不同品种、不同牌号分别存放、标识应清楚。

(4)外加剂配料控制系统标识应清楚、计量应准确,计量误差为 ±2%。

(5)粉状外加剂应防止受潮结块,如有结块,经性能检验合格后应粉碎至全部通过 0.63mm 筛后方可使用。液体外加剂应放置阴凉干燥处,防止日晒、受冻、污染、进水或蒸发,如有沉淀等现象,经性能检验合格后方可使用。

2.6.5 普通减水剂、高效减水剂及缓凝高效减水剂

2.6.5.1 品种

(1)混凝土工程中,可采用下列普通减水剂:

木质素磺酸盐类:如木质素磺酸钙、木质素磺酸钠、木质素磺酸镁及丹宁等。

(2)混凝土工程中,可采用下列高效减水剂:

1)多环芳香族磺酸盐类:如萘和萘的同系磺化物与甲醛缩合的盐类、胺基磺酸盐等;

2)水溶性树脂磺酸盐类:如磺化三聚氰胺树脂、磺化古码隆树脂等;

3)脂肪族类:如聚羧酸盐类、聚丙烯酸盐类、脂肪族羟甲基磺酸盐高缩聚物等;

4)其他:改性木质素磺酸钙、改性丹宁等。

(3)混凝土工程中,可采用下列缓凝高效减水剂:

由缓凝剂与高效减水剂复合成的减水剂。

2.6.5.2 适用范围

(1)普通减水剂、高效减水剂及缓凝高效减水剂可用于混凝土、钢筋混凝土、预应力混凝土,并可制备高强高性能混凝土。

(2)普通减水剂、缓凝高效减水剂宜用于日最低气温5℃以上施工的混凝土,不宜单独用于蒸养混凝土;高效减水剂宜用于日最低气温0℃以上施工的混凝土。

(3)当掺用含有木质素磺酸盐类物质的外加剂时应先作水泥适应性试验,合格后方可使用。

2.6.5.3 施工

(1)普通减水剂、高效减水剂、缓凝高效减水剂进入工地(或混凝土搅拌站)的检验项目应包括密度(或细度)、混凝土减水率、缓凝高效减水剂应增测凝结时间,符合要求方可入库、使用。

(2)减水剂掺量应根据供货单位的推荐掺量、气温高低、施工要求,通过试验确定。

(3)减水剂以溶液掺加时,溶液中的水量应从拌合水中扣除。

(4)液体减水剂宜与拌合水同时加入搅拌机内,粉剂减水剂应与胶凝材料同时加入搅拌机内,用运拌车运输混凝土时,可在卸料前加入液体减水剂,搅拌均匀方可出料。

(5)根据工程需要,减水剂可与其他外加剂复合使用。其掺量必须根据试验确定。配制溶液时,如产生絮凝或沉淀等现象,应分别配制溶液并分别加入搅拌机内。

(6)掺普通减水剂、高效减水剂、缓凝高效减水剂的混凝土采用自然养护时,应加强初期养护;采用蒸养时,混凝土应具有必要的结构强度才能升温,蒸养制度应通过试验确定。

2.6.6 引气剂及引气减水剂

2.6.6.1 品种

(1)混凝土工程中,可采用下列引气剂:

1)松香树脂类:如松香热聚物、松香皂类;

2)烷基和烷基芳烃磺酸盐类:如十二烷基磺酸盐、烷基苯磺酸盐、烷基苯酚聚氧乙烯醚等;

3)脂肪醇磺酸盐类:如脂肪醇聚氧乙烯醚、脂肪醇聚氧乙烯磺酸钠、脂肪醇硫酸钠等;

4)皂甙类:如三萜皂甙等;

5)其他:如蛋白质盐、石油磺酸盐等。

(2)混凝土工程中,可采用由引气剂与减水剂复合而成的引气减水剂。

2.6.6.2 适用范围

(1)引气剂及引气减水剂,可用于抗冻混凝土、抗渗混凝土、抗硫酸盐混凝土、泌水严重的混凝土、贫混凝土、轻骨料混凝土、人工骨料配制的混凝土、普通混凝土、高性能混凝土以及有饰面要求的混凝土。

(2)引气剂、引气减水剂不宜用于蒸养混凝土及预应力混凝土。

2.6.6.3 施工

(1)引气剂及引气减水剂进入工地(或混凝土搅拌站)的检验项目应包括密度(或细度)、含气量,引气减水剂应增测减水率,符合要求方可入库、使用。

(2)抗冻融性要求高的混凝土,必须掺用引气剂或引气减水剂,其掺量应根据混凝土的含气量要求,通过试验确定。

掺引气剂及引气减水剂混凝土的含气量,不宜超过表2-135规定的含气量;对抗冻融性要求高的混凝土,宜采用表2-135规定的含气量数值。

掺引气剂及引气减水剂混凝土的含气量 表2-135

粗骨料最大粒径(mm)	20	25	40	50	80
混凝土含气量(%)	5.5	5.0	4.5	4.0	5.5

(3)引气剂及引气减水剂,应以溶液掺加,使用时加入拌合水中,溶液中的水量应从拌合水量中扣除。

(4)引气剂及引气减水剂配制溶液时必须充分溶解后方可使用。

(5)引气剂可与减水剂、早强剂、缓凝剂、防冻剂复合使用,配制溶液时如产生絮凝或沉淀现象,应分别配制溶液并分别加入搅拌机内。

(6)施工时,应严格控制混凝土的含气量。当材料、配合比、或施工条件变化时,应相应增减引气剂或引气减水剂的掺量。

(7)检验掺引气剂及引气减水剂混凝土的含气量,应在搅拌机出料口进行取样,并应考虑混凝土在运输和振捣过程中含气量的损失。对含气量有设计要求的混凝土,施工中要每间隔一定时间进行现场检验。

(8)掺引气剂及引气减水剂混凝土,必须采用机械搅拌,搅拌时间应比普通混凝土延长30s。出料到浇注停放时间也不宜过长,采用插入式振捣时,振捣时间不宜超过20s。

2.6.7 缓凝剂及缓凝减水剂

2.6.7.1 品种

(1)混凝土工程中可采用下列缓凝剂及缓凝减水剂:

1)糖类:如糖钙、葡萄糖酸盐等;

2)木质素磺酸盐类:如木质素磺酸钙、木质素磺酸钠等;

3)羟基羧酸及其盐类:如柠檬酸、酒石酸钾钠等;

4)无机盐类:如锌盐、磷酸盐等;

5)其他:如胺盐及其衍生物、纤维素醚等。

2.6.7.2 适用范围

(1)缓凝剂及缓凝减水剂可用于大体积混凝土、碾压混凝土、炎热气候条件下施工的混凝土、大面积浇注的混凝土、避免冷缝产生的混凝土、需较长时间停放或长距离运输的混凝土、自流平免振混凝土、滑模施工或拉模施工的混凝土及其他需要延缓凝结时间的混凝土。

(2)缓凝剂及缓凝减水剂不宜用于日最低气温5℃以下施工的混凝土,不宜单独用于有早强要求的混凝土及蒸养混凝土。

(3)柠檬酸及酒石酸钾钠等缓凝剂不宜单独用于水泥用量较低、水灰比较大的贫混凝土。

(4)当掺用含用糖类及木质素磺酸盐类物质的外加剂时应先作水泥适应性试验,合格后方可使用。

(5)使用缓凝剂及缓凝减水剂施工时宜根据温度进行掺量调整,满足工程要求方可使用。

2.6.7.3 施工

(1)缓凝剂及缓凝减水剂进入工地(或混凝土搅拌站)的

检验项目应包括 pH 值、密度(或细度)、混凝土凝结时间,缓凝减水剂应增测减水率,合格后方可入库、使用。

(2)缓凝剂及缓凝减水剂的品种及掺量应根据环境气温、施工要求的混凝土凝结时间、运输距离、停放时间、强度等来确定。

(3)缓凝剂及缓凝减水剂以溶液掺加时计量必须正确,使用时加入拌合水中,溶液中的含水量应在混凝土拌合水中扣除。难溶和不溶物较多的应采用干掺法并延长混凝土搅拌时间 30s。

(4)掺缓凝剂及缓凝减水剂的混凝土的浇筑、振捣及养护,当气候炎热及风力较大时应立即覆盖并始终保持混凝土表面潮湿养护,终凝以后应浇水养护,当气温较低时,应加强保温保湿养护。

2.6.8 早强剂及早强减水剂

2.6.8.1 品种

(1)混凝土工程中可采用下列早强剂:

1)强电解质无机盐类早强剂:如钠、钾、锂、钙元素的硫酸盐、硫酸复盐、硝酸盐、亚硝酸盐、氯盐等。

2)水溶性有机化合物:如三乙醇胺、甲酸盐、乙酸盐、丙酸盐等。

3)其他:如有机化合物、无机盐复合物。

(2)由早强剂与减水剂组成的早强型减水剂。

2.6.8.2 适用范围

(1)早强剂及早强减水剂适用于蒸养混凝土及常温、低温和最低温度不低于 -5℃ 环境中施工的有早强或防冻要求的混凝土工程。炎热环境条件下不宜使用早强剂、早强减水剂。

(2)掺入混凝土后对人体产生危害或对环境产生污染的

化学物质不得用做早强剂。含有六价铬盐、亚硝酸盐等有害成分的早强剂严禁用于饮水工程及与食品相接触的工程。硝胺不得用于办公、居住等建筑工程。

(3)下列结构中不得采用含有氯盐配制的早强剂及早强减水剂。

1)预应力混凝土结构。

2)在相对湿度大于80%环境中使用的结构、处于水位变化部位的结构、露天结构及经常受水淋、受水流冲刷的结构,如:给排水构筑物、暴露在海水中的结构、露天结构等。

3)大体积混凝土。

4)直接接触酸、碱或其他侵蚀性介质的结构。

5)经常处于温度为60℃以上的结构,需经蒸养的钢筋混凝土预制构件。

6)有装饰要求的混凝土,特别是要求色彩一致的或是表面有金属装饰的混凝土。

7)薄壁混凝土结构,中级和重级工作制吊车的梁、屋架、落锤及锻锤混凝土基础结构。

8)使用冷拉钢筋或冷拔低碳钢丝的结构。

9)骨料具有碱活性的混凝土结构。

(4)在下列混凝土结构中不得采用含有强电介质无机盐类的早强剂及早强减水剂:

1)与镀锌钢材或铝铁相接触部位的结构,以及有外露钢筋预埋铁件而无防护措施的结构。

2)使用直流电源的结构以及距高压直流电源100m以内的结构。如电介车间,用于电气化运输设施的钢筋混凝土结构。

(5)含钾、钠离子的早强剂用于具有碱活性骨料的混凝土结构时,应符合 2.6.4.2(4)的规定。

2.6.8.3 施工

(1)早强剂、早强减水剂进入工地(或混凝土搅拌站)的检验项目应包括密度(或细度),1d、3d、7d 抗压强度及对钢筋的锈蚀作用,早强减水剂应增测减水率,混凝土有饰面要求的还应观测硬化后混凝土表面是否析盐。符合要求,方可入库使用。

(2)常用早强剂掺量应符合表 2-136 的规定。

常用早强剂掺量限值　　　　表 2-136

混凝土种类	使用环境	早强剂名称	掺量限值 (胶凝材料质量%) 不大于
预应力 混凝土	干燥环境	三乙醇胺 硫酸钠	0.05 1.0
钢筋 混凝土	干燥环境	氯离子〔Cl^-〕 硫酸钠 与缓凝减水剂复合的硫酸钠 三乙醇胺	0.6 2.0 3.0 0.05
	潮湿环境	硫酸钠 三乙醇胺	1.5 0.05
有饰面要求 的混凝土		硫酸钠	0.8
无筋混凝土		氯离子〔Cl^-〕	1.8

注:预应力混凝土及潮湿环境中使用的钢筋混凝土中不得掺氯盐早强剂。而且,由其他原料带入的氯离子总量在预应力混凝土中不应大于水泥质量的 0.06%,在钢筋混凝土中不应大于 0.15%。

(3)粉剂早强剂和早强减水剂直接掺入混凝土干料中应延长搅拌时间 30s。

(4)常温及低温下使用早强剂或早强减水剂的混凝土采用自然养护时宜使用塑料薄膜覆盖或喷洒养护液。终凝后应立即浇水潮湿养护。最低气温低于 0℃时,塑料薄膜外还应加盖保温材料。最低气温低于 -5℃时应使用防冻剂。

(5)掺早强剂或早强减水剂的混凝土采用蒸汽养护时,其蒸养制度宜通过试验确定。尤其含乙醇胺类早强剂、早强减水剂混凝土蒸养制度更应经试验确定。

2.6.9 防冻剂

2.6.9.1 品种

混凝土工程可采用下列防冻剂。

(1)无机盐类:

1)氯盐类:以氯盐(如氯化钙、氯化钠等)为防冻组分的外加剂;

2)氯盐阻锈类:以氯盐与阻锈组分为防冻组分的外加剂;

3)无氯盐类:以亚硝酸盐、硝酸盐等无机盐为防冻组分的外加剂。

(2)有机化合物类:如以某些醇类为防冻组分的外加剂。

(3)有机化合物与无机盐复合类。

(4)复合型防冻剂:以防冻组分复合早强、引气、减水等组分的外加剂。

2.6.9.2 适用范围

(1)防冻剂适用于负温条件下施工的混凝土,并应符合下列规定:

1)无机盐类

(A)氯盐类防冻剂可用于混凝土工程、钢筋混凝土工程,严禁用于预应力混凝土工程,并应符合 2.6.8.2(3)、(4)、(5)的规定;其掺量应符合 2.6.8.3(2)的规定;

(B)氯盐阻锈类防冻剂可用于混凝土工程、钢筋混凝土,严禁用于预应力混凝土工程,并应符合 2.6.8.2(3)、(4)、(5)的规定;

(C)亚硝酸盐、碳酸盐无机盐防冻剂严禁用于预应力混凝土及与镀锌钢材相接触的混凝土结构。

2)有机化合物类防冻剂可用于混凝土工程、钢筋混凝土工程及预应力混凝土工程。

3)有机化合物与无机盐复合类防冻剂及复合型防冻剂可用于混凝土工程、钢筋混凝土工程及预应力混凝土工程,并应符合 2.6.9.2(1) – 1)的规定。

(2)含有六价铬盐、亚硝酸盐等有害成分的防冻剂,严禁用于饮水工程及与食品相接触的部位,严禁食用。

(3)含有硝铵、尿素等产生刺激性气味的防冻剂,不得用于办公、居住等建筑工程。

(4)对水工、桥梁及有特殊抗冻融性要求的混凝土工程,应通过试验确定防冻剂品种及掺量。

2.6.9.3 施工

(1)防冻剂的选用应符合下列规定:

1)在日最低气温为 0 ~ – 5℃,混凝土采用塑料薄膜和保温材料覆盖养护时,可采用早强剂或早强减水剂;

2)在日最低气温为 – 5℃ ~ – 10℃、 – 10℃ ~ – 15℃、 – 15℃ ~ – 20℃,采用上款保温措施时,宜分别采用规定温度为 – 5℃、 – 10℃、 – 15℃的防冻剂。

3)防冻剂的规定温度为按《混凝土防冻剂》(JC475)规定的试验条件成型的试件,在恒负温条件下养护的温度。施工使用的最低气温可比规定温度低 5℃。

(2)防冻剂运到工地(或混凝土搅拌站)首先应检查是否有沉淀、结晶或结块,检验项目应包括密度(或细度)R_{-7}、R_{+28} 抗压强度比、钢筋锈蚀试验,合格后方可入库、使用。

(3)掺防冻剂混凝土所用原材料,应符合下列要求:

1)宜选用硅酸盐水泥、普通硅酸盐水泥。水泥存放期超过3个月时,使用前必须进行强度检验,合格后方可使用;

2)粗、细骨料必须清洁,不得含有冰、雪等冻结物及易冻裂的物质;

3)当骨料具有碱活性时,由防冻剂带入的钾、钠离子,混凝土的总碱含量,应符合2.6.4.2(4)的规定;

4)储存液体防冻剂的设备应有保温措施。

(4)防冻剂混凝土的配合比,宜符合下列规定:

1)掺引气组分的防冻剂混凝土的砂率,比不掺外加剂混凝土的砂率可降低2%~3%;

2)混凝土水灰比不宜超过0.6,水泥用量不宜低于300kg/m³,重要承重结构、薄壁结构的混凝土水泥用量可增加10%,大体积混凝土的最少水泥用量,应根据实际情况而定。强度等级不大于C10的混凝土、其水灰比和最少水泥用量可不受此限制。

(5)防冻剂混凝土用的原材料,应根据不同的气温,按下列方法进行加热:

1)气温低于-5℃时,可用热水拌合混凝土;水温高于65℃时,热水应先与骨料拌合,再加入水泥;

2)气温低于-10℃时,骨料可移入暖棚或采取加热措施。骨料冻结成块时须加热,加热温度不得高于65℃,并应避免灼烧,用蒸汽直接加热骨料带入的水分,应从拌合水中扣除。

(6)掺防冻剂混凝土搅拌时,应符合下列规定:

1)严格控制防冻剂的掺量;

2)严格控制水灰比,由骨料带入的水份及防冻剂溶液中的水,应从拌合水中扣除;

3)搅拌前,应用热水或蒸汽冲洗搅拌机,搅拌时间应比常温搅拌延长50%；

4)掺防冻剂混凝土拌合物的出机温度,严寒地区不得低于15℃;寒冷地区不得低于10℃。入模温度,严寒地区不得低于10℃,寒冷地区不得低于5℃。

(7)防冻剂与其他品种外加剂共同使用时,应先进行试验,满足要求方可使用。

(8)掺防冻剂混凝土的运输及浇筑除应满足不掺外加剂混凝土的要求外,还应符合下列规定:

1)混凝土浇筑前,应清除模板和钢筋上的冰雪和污垢,不得用蒸汽直接融化冰雪,避免再度结冰;

2)混凝土浇筑完毕应及时对其表面用塑料薄膜及保温材料覆盖。掺防冻剂的商品混凝土,应在混凝土运拌车罐体包裹保温外套。

(9)掺防冻剂混凝土的养护,应符合下列规定:

1)在负温条件下养护,不得浇水,混凝土浇筑后,应立即用塑料薄膜及保温材料覆盖,严寒地区更应加强保温措施;

2)初期养护温度不得低于规定温度;

3)当混凝土温度降到规定温度时,混凝土强度必须达到抗冻临界强度:当最低气温不低于-10℃时,混凝土抗压强度不得小于3.5MPa;当最低温度不低于-15℃时,混凝土抗压强度不得小于4.0MPa;当最低温度不低于-20℃时,混凝土抗压强度不得小于5.0MPa;

4)拆膜后混凝土的表面温度与环境温度之差大于20℃时,应采用保温材料覆盖养护。

2.6.9.4 掺防冻剂混凝土的质量控制

(1)混凝土浇筑后,在结构最薄弱和易冻的部位,应加强保温防冻措施,并应在有代表性的部位或易冷却的部位布置测温点。测温测头,埋入深度应为100~150mm,也可为板厚的1/2或墙厚的1/2。在达到抗冻临界强度前应每隔2h测定一次,以后应每隔6h测一次,并应同时测定环境温度。

(2)掺防冻剂混凝土的质量,应满足设计要求,并应符合下列规定:

1)应在浇筑地点制作一定数量的混凝土试件进行强度试验。其中一组试件应在标准条件下养护,其余放置在工程条件下养护。在达到抗冻临界强度时、拆模前、拆除支撑前及转入常温养护28d均应进行试压。试件不得在冻结状态下试压,边长为100mm立方体试件,应在15~20℃室内解冻3~4h或应浸入10~15℃的水中解冻3h;边长为150mm立方体试件应在15~20℃室内解冻5~6h或浸入10~15℃的水中解冻6h,试件擦干后试压;

2)检验抗冻、抗渗所用试件,应与工程同条件养护28d,再标准养护28d后进行抗冻或抗渗试验。

2.6.10 膨胀剂

2.6.10.1 品种

混凝土工程可采用下列膨胀剂:

(1)硫铝酸钙类;

(2)硫铝酸钙—氧化钙类;

(3)氧化钙类。

2.6.10.2 适用范围

(1)膨胀剂的适用范围应符合表2-137的规定。

(2)掺硫铝酸钙类、硫铝酸钙—氧化钙类膨胀剂配制的膨胀混凝土(砂浆)不得用于长期环境温度为80℃以上的工程。

(3)掺氧化钙类膨胀剂配制的膨胀混凝土(砂浆)不得用于海水或有侵蚀性水的工程。

(4)掺膨胀剂的混凝土只适用于有约束条件的钢筋混凝土工程和填充性混凝土工程。

(5)掺膨胀剂的大体积混凝土,其内部最高温度应符合有关标准的规定,混凝土内外温差宜小于25℃。

(6)掺膨胀剂的补偿收缩混凝土刚性屋面宜用于南方地区,其设计、施工应按《屋面工程设计规范》(GB50207)执行。

膨胀剂的适用范围 表2-137

用 途	适 用 范 围
补偿收缩混凝土	地下、水中、海水中、隧道等构筑物,大体积混凝土(除大坝外),配筋路面和板、屋面与厕浴间防水、构件补强、渗漏修补,预应力钢筋混凝土、回填槽等。
填充用膨胀混凝土	结构后浇缝、隧洞堵头、钢管与隧道之间的填充等。
填充用膨胀砂浆	机械设备的底座灌浆、地脚螺栓的固定、梁柱接头、构件补强、加固。
自应力混凝土	仅用于常温下使用的自应力钢筋混凝土压力管。

2.6.10.3 掺膨胀剂混凝土(砂浆)的性能要求

(1)补偿收缩混凝土,其性能应满足表2-138的要求。

补偿收缩混凝土的性能 表2-138

项 目	限制膨胀率($\times 10^{-4}$)	限制干缩率($\times 10^{-4}$)	抗压强度(MPa)
龄期	水中14d	空气中28d	28d
性能指标	≥1.5	≤3.0	≥25

(2)填充用膨胀混凝土,其性能应满足表2-139的要求。

(3)掺膨胀剂混凝土的抗压强度试验应按《普通混凝土力学性能试验方法》(GBJ81)进行。填充用膨胀混凝土的强度试件应在成型后第 3 天拆模。

(4)膨胀砂浆(无收缩灌浆料),其性能应满足表 2-140 的要求。

填充用膨胀混凝土的性能 表 2-139

项 目	限制膨胀率 ($\times 10^{-4}$)	限制干缩率 ($\times 10^{-4}$)	抗压强度(MPa)
龄期	水中 14d	空气中 28d	28d
性能指标	≥2.5	≤3.0	≥30.0

膨胀砂浆性能 表 2-140

流动度(mm)	竖向限制膨胀率(%)		抗压强度(MPa)		
	3d	7d	1d	3d	28d
≥250	≥0.10	≥0.20	≥20	≥30	≥60

(5)自应力混凝土:掺膨胀剂的自应力混凝土的性能应符合《自应力硅酸盐水泥》(JC/T218)的规定。

2.6.10.4 设计要求

(1)掺膨胀剂的补偿收缩混凝土应在限制条件下使用,构造(温度)钢筋的设计和特殊部位的附加筋,应符合《混凝土结构设计规范》(GB50010)规定。

(2)墙体易于出现纵向收缩裂缝,其水平构造筋的配筋率宜大于 0.4%,水平筋的间距宜小于 150mm,墙体的中部或顶端宜设一道水平筋间距为 50~100mm,高为 300~400mm 暗梁。

(3)墙体与柱子连接部位宜插入长度 1500~2000mm、φ8~φ10 的加强钢筋,插入柱子 200~300mm,插入边墙 1200~1600mm,其配筋率应提高 10%~15%。

(4)结构开口部位、变截面部位和出入口部位应适量增加附加筋。

(5)楼板宜配置细而密的构造配筋网,钢筋间距宜小于150mm,配筋率宜为0.6%左右;现浇补偿收缩钢筋混凝土防水屋面应配双层钢筋网,构造筋间距宜小于150mm,配筋率宜大于0.5%。楼面和屋面后浇缝最大间距不宜超过50m。

(6)地下室和水工构筑物的底板和边墙的后浇缝最大间距不宜超过60m,后浇缝回填时间应不少于28d。

2.6.10.5 施工

(1)掺膨胀剂混凝土对原材料的要求

1)膨胀剂:应符合《混凝土膨胀剂》(JC476)标准的规定;膨胀剂运到工地(或混凝土搅拌站)应进行限制膨胀率检测,合格后方可入库、使用。

2)水泥:应符合现行通用水泥国家标准,不得使用硫铝酸盐水泥、铁铝酸盐水泥和铝酸盐水泥。

(2)掺膨胀剂的混凝土的配合比设计

1)胶凝材料最少用量(水泥、膨胀剂和掺合料的总量)应符合表2-141的规定。

胶凝材料最少用量　　　　　　　　表2-141

膨 胀 混 凝 土 种 类	胶凝材料最少用量(kg/m^3)
补偿收缩混凝土	300
填充用膨胀混凝土	350
自应力混凝土	500

2)水胶比不宜大于0.5。

3)用于抗渗的膨胀混凝土的水泥用量应不小于$320kg/m^3$,当掺入掺合料时,其水泥用量不应小于$280kg/m^3$。

4)补偿收缩混凝土的膨胀剂掺量不宜大于12%,不宜小于7%。填充用膨胀混凝土的膨胀剂掺量不宜大于15%,不宜小于10%。

5)以水泥和膨胀剂为胶凝材料的混凝土。设基准混凝土配合比中水泥用量为C_0,膨胀剂取代水泥率为K,膨胀剂用量$E = C_0 \cdot K$,水泥用量$C = C_0 - E$。

6)以水泥、掺合料和膨胀剂为胶凝材料的混凝土。膨胀剂取代胶凝材料率为K,设基准混凝土配合比中水泥用量为C'和掺合料用量为F'。膨胀剂用量$E = (C' - F') \cdot K$,掺合料用量$F = F'(1 - K)$,水泥用量$C = C'(1 - K)$。

(3)其他外加剂用量的确定方法:膨胀剂可与其他混凝土外加剂复合使用,应有好的适应性,不得与氯盐类外加剂复合使用,外加剂品种和掺量应通过试验确定。

(4)混凝土拌制

粉状膨胀剂应与混凝土其他原材料一起投入搅拌机,拌和时间应延长30s。

(5)混凝土浇筑

1)在计划浇筑区段内连续浇筑混凝土,不得中断。

2)混凝土浇筑以阶梯式推进,浇筑间隔时间不得超过混凝土的初凝时间。

3)混凝土不得漏振、欠振和过振。

4)混凝土终凝前,应采用抹面机械或人工多次抹压。

(6)混凝土养护

1)对于大体积混凝土和大面积板面混凝土,宜采用蓄水养护或用湿麻袋覆盖,保持混凝土表面潮湿,养护时间不应少于14d。

2)对于墙体等不易保水的结构,宜从顶部设水管喷淋,拆模时间不宜少于3d,拆模后宜用湿麻袋紧贴墙体覆盖,并浇水养护,保持混凝土表面潮湿,养护时间不宜少于14d。

3)冬期施工时,混凝土浇筑后,应立即用塑料薄膜和保温材料覆盖,养护期不应少于14d。对于墙体,带模板养护不应少于7d。

(7)填充用膨胀砂浆施工

1)填充用膨胀砂浆的水料(胶凝材料—砂)比应为0.14~0.16,搅拌时间不宜少于3min。

2)膨胀砂浆不得使用机械振捣,宜用人工插捣排除气泡,每个部位应从一个方向浇筑。

3)浇筑完成后,应立即用湿麻袋等覆盖暴露部分,砂浆硬化后应立即浇水养护,养护期不宜少于7d。

4)填充用膨胀砂浆浇筑和养护期间,最低气温低于5℃时,应采取保温保湿养护措施。

2.6.10.6 混凝土的品质检查

(1)掺膨胀剂的混凝土品质,应以抗压强度和膨胀率的试验值为依据。有抗渗要求时,还应作抗渗试验。

(2)掺膨胀剂的混凝土每浇筑1000m^3,应成型一组膨胀率检测试件,不足1000m^3,也应成型一组试件,每组3条,水中养护14d各组膨胀率平均值应大于1.5×10^{-4}。

(3)掺膨胀剂混凝土的抗压强度和抗渗检验,应按《普通混凝土力学性能试验方法》(GBJ81)和《普通混凝土长期性能和耐久性能试验方法》(GBJ82)进行。

2.6.11 泵送剂

2.6.11.1 品种

混凝土工程中,可采用由减水剂、缓凝剂、引气剂和保塑剂等复合而成的泵送剂。

2.6.11.2 适用范围

泵送剂适用于工业与民用建筑及其他构筑物的泵送施工的混凝土;特别适用于大体积混凝土、高层建筑和超高层建筑;适用于滑模施工等;也适用于水下灌注桩混凝土。

2.6.11.3 施工

(1)泵送剂运到工地(或混凝土搅拌站)的检验项目应包括密度(或细度)、坍落度增加值及坍落度经时变化。符合要求方可入库、使用。

(2)含有水不溶物的粉状泵送剂应与胶凝材料一起加入搅拌机中;水溶性粉状泵送剂宜用水溶解后或直接加入搅拌机中,应延长混凝土搅拌时间30s。

(3)液体泵送剂应与拌合水一起加入搅拌机中,溶液中的水应从拌合水中扣除。

(4)泵体剂的品种、掺量应按供应单位提供的推荐掺量和环境温度、泵送高度、泵送距离、运输距离等要求经混凝土试配后确定。

(5)配制泵送混凝土对砂、石的要求:

1)粗骨料最大粒径不宜超过40mm;泵送高度超过50m时,碎石最大粒径不宜超过25mm;卵石最大粒径不宜超过30mm。

2)骨料最大粒径与输送管内径之比,碎石不宜大于混凝土输送管内径的1/3;卵石不宜大于混凝土输送管内径的2/5。

3)粗骨料应采用连续级配,针片状颗粒含量不宜大于10%。

4)细骨料宜采用中砂,通过0.315mm筛孔的砂含量不宜小于15%,且不大于30%,通过0.160mm筛孔的砂含量不宜小于5%。

(6)掺泵送剂的泵送混凝土配合比设计应符合下列规定:

1)应符合《普通混凝土配合比设计规程》(JGJ55)和《混凝土结构工程施工质量验收规范》(GB50204)及《粉煤灰混凝土应用技术规范》(GBJ146)等。

2)泵送混凝土的胶凝材料总量不宜小于 $300kg/m^3$。

3)泵送混凝土的砂率宜为36%～52%。

4)泵送混凝土的水胶比不宜大于0.6。

5)泵送混凝土含气量不宜超过5%。

6)泵送混凝土坍落度不宜小于100mm。

7)冬期施工的泵送混凝土,宜采用硅酸盐水泥或普通硅酸盐水泥。

(7)在不可预测情况下造成商品混凝土经时坍落度损失过大时,可采用后添加泵送剂的方法掺入混凝土运拌车中,必须快速运转,搅拌均匀后,测定坍落度符合要求后方可使用。后添加的量应预先试验确定。

2.6.12 防水剂

2.6.12.1 品种

(1)无机化合物类:如氯化铁、硅灰粉末等。

(2)有机化合物类:脂肪酸及其盐类、有机硅表面活性剂(甲基硅醇钠、乙基硅醇钠、聚乙基羟基硅氧烷)、石蜡、地沥青、橡胶及水溶性树脂乳液等。

(3)混合物类:无机类混合物、有机类混合物、无机类与有机类混合物。

(4)复合类:上述各类与引气剂、减水剂、调凝剂等外加剂复合的复合型防水剂。

2.6.12.2 适用范围

(1)防水剂可用于工业与民用建筑的屋面、地下室、隧道、巷道、给排水池、水泵站等有防水抗渗要求的混凝土工程。

(2)含氯盐的防水剂不得用于钢筋混凝土工程。

2.6.12.3 施工

(1)防水剂进入工地(或混凝土搅拌站)的检验项目应包括密度(或细度)、钢筋锈蚀,符合要求方可入库、使用。

(2)防水混凝土施工应选择与防水剂适应性好的水泥,一般应优先选用普通硅酸盐水泥,有抗硫酸盐要求时,可选用火山灰质硅酸盐水泥,并经过试验确定。

(3)防水剂应按供货单位推荐掺量掺入,超量掺加时应经试验,符合要求方可使用。

(4)防水剂混凝土宜采用5~25mm连续级配石子。

(5)防水剂混凝土搅拌时间应较普通混凝土延长30s。

(6)防水剂混凝土应加强早期养护,潮湿养护不得少于7d。

(7)处于侵蚀介质中的防水剂混凝土,当耐腐蚀系数小于0.8时,应采取防腐蚀措施。防水剂混凝土结构表面温度不应超过100℃,否则必须采取隔断热源的保护措施。

2.6.13 速凝剂

2.6.13.1 品种

(1)在喷射混凝土工程中可采用的粉状速凝剂:如以铝酸盐、碳酸盐等为主要成分的无机盐混合物。

(2)在喷射混凝土工程中可采用的液体速凝剂:如以水玻璃为主要成分,与其他无机盐复合而成的复合物。

2.6.13.2 应用范围

速凝剂可用于采用喷射法施工的喷射混凝土,亦可用于需要速凝的其他混凝土(如堵漏等)。

2.6.13.3 施工

(1)速凝剂进入工地(或混凝土搅拌站)的检验项目应包

括密度(或细度)、凝结时间、1d抗压强度,符合要求方可入库、使用。

(2)喷射混凝土施工应选用与水泥适应性好、凝结硬化快、回弹小、28d强度损失少、低掺量的速凝剂品种。

(3)速凝剂掺量一般为2%~8%,掺量可随速凝剂品种、施工温度和工程要求适当增减。

(4)喷射混凝土施工时,应采用新鲜的硅酸盐水泥,普通硅酸盐水泥,矿渣硅酸盐水泥,不得使用过期或受潮结块的水泥。

(5)喷射混凝土宜采用最大粒径不大于20mm的卵石或碎石,细度模数为2.8~3.5的中砂或粗砂。

(6)喷射混凝土的经验配合比为:水泥用量约400kg/m^3,砂率45%~60%,水灰比约为0.4。

(7)喷射混凝土施工人员应注意劳动防护和人身安全。

2.6.14 有关规定

2.6.14.1 凡在北京地区施工的各建设工程必须使用持有《北京市建筑材料使用认证书》表上注明的防冻剂,严禁使用未经备案和产品包装未加贴防伪标志的防冻剂产品。

2.6.14.2 外加剂必须有生产厂家的质量证明书内容包括:厂名、品名、包装、质量(重量)、出厂日期、性能和使用说明。使用前应进行性能的试验。

2.6.14.3 外加剂出厂质量合格证和试验报告单应及时整理,试验单填写做到字迹清楚、项目齐全、准确、真实且无未了事项。

2.6.14.4 外加剂出厂质量合格证和试验报告单不允许涂改、伪造、随意抽撤或损毁。

外加剂使用前必须进行性能试验并有试验报告和掺外加

剂普通混凝土(砂浆)的配合比通知单(掺量)。

试件制作：混凝土试件制作及养护参照《普通混凝土拌合物性能标准试验方法》(GBJ10080—2002)进行，但混凝土预养温度为 20 ± 2℃。

试验项目及所需数量❶　详见表 2-142。

表 2-142

试验项目	外加剂类别	试验类别	混凝土①拌合批数	每批取样数目	掺外加剂混凝土总取样数目	基准混凝土总取样数目
减水率	除早强剂、缓凝剂外各种外加剂	混凝土拌合物	3	1次	3次	3次
坍落度	各种外加剂	混凝土拌合物	3	1次	3次	3次
含气量			3	1个	3个	3个
泌水率			3	1个	3个	3个
凝结时间			3	1个	3个	3个
抗压强度	各种外加剂	硬化混凝土	3	12或15块	36或45块	36或45块
收缩			3	1块	3块	3块
钢筋锈蚀		新拌或硬化砂浆	3	1块	3块	3块
相对耐久性指标	引气剂、引气减水剂	硬化混凝土	3	1块	3块	3块

注：①试验时，检验一种外加剂的三批混凝土要在同一天内完成。

2.6.14.5　外加剂质量必须合格，应先试验后使用，要有出厂质量合格证或试验单。需采取技术处理措施的，应满足技术要求并应经有关技术负责人批准(签字)后方可使用。

2.6.14.6　合格证、试(检)验单或记录单的抄件(复印件)应注明原件存放单位，并有抄件人、抄件(复印)单位的签字和盖章。

---

❶　试验龄期参考外加剂性能指标的试验项目档。

2.6.15 外加剂出厂质量合格证的验收和进场产品的外观检查

2.6.15.1 外加剂出厂质量合格证验收和进场产品的外观检查：

外加剂进场必须有生产厂家的质量证明书。其中：厂名、产品名称及型号、包装(质)重量、出厂日期、主要特性及成分、适用范围及适宜掺量、性能检验合格证(匀质性指标及掺外加剂混凝土性能指标)、贮存条件及有效期、使用方法及注意事项等项要填写清楚、准确、完整。应随附《北京市建筑材料使用认证证书》复印件。确认外加剂产品与质量合格证物证相符合，摘取一份防伪认证标志，附贴于产品出厂质量合格证上，归档保存。

2.6.15.2 进场产品的外观检查：

进场产品的外观检查首先是确认防伪认证标志，然后对照产品出厂质量合格证明书检查产品的包装，有无受潮变质、超过有效限期并抽测质(重)量。

2.6.16 外加剂的试验及试验报告

2.6.16.1 试验项目及其所需试件的制作和数量

外加剂的性能主要由掺外加剂混凝土性能指标和匀质性指标来反映。

2.6.16.2 外加剂试验报告的内容、填制方法和要求：

外加剂试验报告见表 2-143 试样。表中：委托单位、试验委托人、工程名称、产品名称、代表数量、生产厂、生产日期、来样日期、试验项目，由试验委托人(工地试验员)填写。其他部分由试验室人员依据试验测算结果填写清楚、准确、完整。

混凝土外加剂试验报告　　　　表 2-143

混凝土外加剂试验报告 表 C4-13		编　号	
		试验编号	
		委托编号	
工程名称		试样编号	
委托单位		试验委托人	
产品名称		生产厂		生产日期	
代表数量		来样日期		试验日期	
试验项目					

试验结果	试验项目	试验结果

结论：

批　准		审　核		试　验	
试验单位					
报告日期					

本表由试验单位提供，建设单位、施工单位、城建档案馆各保存一份。

领取外加剂试验报告单时,应验看要求试验项目是否试验齐全,各项试验数据是否达到规范规定值和设计要求,结论要明确,试验室编号、签字、盖章要齐全。试验有不符合要求的项目,应及时复试或报工程技术负责人进行处理,复试合格试验单和处理结论,附于此单后一并存档。

要求的项目,应及时复试或报工程技术负责人进行处理,复试合格试验单和处理结论,附于此单后一并存档。

2.6.17 整理要求

2.6.17.1 此部分资料应归入原材料、半成品、成品出厂质量证明和试(检)验报告分册中。

2.6.17.2 合格证应折成16开大小或贴在16开纸上。

2.6.17.3 各出厂合格证和试验报告,按验收批组合,按时间顺序并编号,不得遗漏。

2.6.17.4 建立分目录表,并能对应一致。

2.6.18 注意事项

2.6.18.1 外加剂出厂质量合格证应有生产厂家质量部门的盖章,防冻剂必须有防伪认证标志。

2.6.18.2 外加剂试验报告应由相应资质等级的建筑试验室签发。

2.6.18.3 外加剂的使用应在其有效期内,查对产品出厂合格证和混凝土、砂浆施工试验资料及施工日志可知是否超期。

2.6.18.4 外加剂试验报告单中应有试验编号,便于与试验室的有关资料查证核实。试验报告单应有明确结论并签章齐全。

2.6.18.5 领取试验报告后一定要验看报告中各项目的、实测数值是否符合规范的技术要求。

2.6.18.6 外加剂试验不合格单后应附双倍试件复试合格试验报告单或处理报告。不合格单不允许抽撤。

2.6.18.7 外加剂资料应与其他施工技术资料对应一致,交圈吻合,相关施工技术资料有混凝土、砌筑砂浆的配合比申请单、通知单和试件试压报告单、施工记录、施工日志、预检记录、隐检记录、质量评定、施工组织设计、技术交底和洽商记录。

2.7 粉 煤 灰

2.7.1 粉煤灰定义、品质指标及分类

2.7.1.1 定义:从煤粉炉烟道气体中收集的粉末称为粉煤灰。

2.7.1.2 品质指标及分类见表2-144。

粉煤灰品质指标和分类　　　　表2-144

序号	指标		粉煤灰级别		
			Ⅰ	Ⅱ	Ⅲ
1	细度(0.045mm方孔筛筛余%)	不大于	12	20	45
2	烧失量(%)	不大于	5	8	15
3	需水量比(%)	不大于	95	105	115
4	三氧化硫(%)	不大于	3	3	3
5	含水量(%)	不大于	1	1	不规定

注:代替细骨料或用以改善和易性的粉煤灰不受此规定限制。

2.7.2 粉煤灰取样方法及数量

以200t相同等级、同厂别的粉煤灰为一批,不足200t时亦为一验收批,粉煤灰的计量按干灰(含水率小于1%)的重量

计算。

散装灰取样——从不同部位取15份试样,每份试样1~3kg,混合拌匀,按四分法缩取比试验所需量大一倍的试样(称为平均试样)。

袋装灰取样——从每批中任抽10袋,并从每袋中各取试样不小于1kg,混合拌匀,按四分法缩取比试验所需量大一倍的试样(称为平均试样)。

2.7.3 粉煤灰品必试项目

2.7.3.1 细度;

2.7.3.2 烧失量;

2.7.3.3 需水量比。

注:使用单位如粉煤灰货源比较稳定,每月累计供应的数量不足200t时,细度每月至少抽样检验一次,烧失量每季度至少检验一次。

3 施工试验

3.1 回填土

回填土包括:素土、灰土、砂和砂石地基的夯实填方和柱基、基坑、基槽、管沟的回填夯实以及其他回填夯实。

3.1.1 取样

回填土必须分层夯压密实,并分层、分段取样做干密度试验。施工试验资料主要是取样平面位置图和回填土干密度试验报告。

3.1.1.1 取样数量

(1)在压实填土的过程中,应分层取样检验土的干密度和含水率。

1)基坑每 50~100m² 应不少于 1 个检验点。

2)基槽每 10~20m 应不少于 1 个检验点。

3)每一独立基础下至少有 1 个检验点。

4)对灰土、砂和砂石、土工合成、粉煤灰地基等,每单位工程不应少于 3 点,1000m² 以上的工程每 100m² 至少有 1 点,3000m² 以上的工程,每 300m² 至少有 1 点。

(2)场地平整:

每 100~400m² 取 1 点,但不应少于 10 点;

长度,宽度,边坡为每 20m 取 1 点,每边不应少于 1 点。

各层取样点应错开,并应绘制取样平面位置图,标清各层取样点位。

3.1.1.2 取样方法

(1)环刀法:每段每层进行检验,应在夯实层下半部(至每层表面以下 2/3 处)用环刀取样。

(2)罐砂法:用于级配砂石回填或不宜用环刀法取样的土质。

采用罐砂法取样时,取样数量可较环刀法适当减少。取样部位应为每层压实后的全部深度。

取样应由施工单位按规定现场取样,将样品包好、编号(编号要与取样平面图上各点位标示一一对应)送试验室试验。如取样器具或标准砂不具备,应请试验室来人现场取样进行试验。施工单位取样时,宜请建设单位参加,并签认。

3.1.2 试验及试验报告

3.1.2.1 必试项目:压实系数(干密度、含水量、击实试验;求最大干密度和最优含水量)

3.1.2.2 试验方法

(1) 环刀法试验:

在环刀内壁涂一薄层凡士林,刃口向下放在土样上,将环刀垂直下压,并用切土刀沿环刀外侧切削土样,边压边削至土样高出环刀,用钢丝锯整平环刀两端土样,擦净环刀外壁,称环刀和土的总质量,并取余土测定含水量。

(2)灌砂法试验:

步骤:

1)根据试样最大粒径按规范要求选定试坑尺寸;

2)将选定的试坑地面整平;

3)按确定的坑直径划出试坑口轮廓线,在轮廓线内下挖至要求深度,将落于坑内的试样装入盛土容器内,称试样质量,精确至 5g,并应测定含水量;

4)容砂瓶内注满砂,称密度测定器和砂的总质量;

5)将密度测定器倒置(容砂瓶向上)于挖好的坑口上,打开阀门,标准砂注入试坑,当注满试坑时关闭阀门,称密度测定器和余砂的总质量,并计算注满试坑所用的标准砂质量,在注砂过程中不应振动。

3.1.2.3 回填土必试项目计算

(1)灌砂法:

1)试样的湿密度 $\rho_0 = \dfrac{m_p}{\dfrac{m_s}{\rho_s}}$

式中 m_p——试坑内取出的土样质量(g);

m_s——注满试坑所用标准砂质量(g);

ρ_s——标准砂的密度(g/cm³)。

2)试样的干密度(精确至0.01g/cm³):

$$\rho_a = \dfrac{\dfrac{m_p}{1+\omega_0}}{\dfrac{m_s}{\rho_s}}$$

(2)环刀法:

1)试样湿密度 $\rho_0 = \dfrac{m_0}{V}$

式中 V——环刀体积。

2)试样干密度 $\rho_a = \dfrac{\rho_0}{1+\omega_0}$

3.1.2.4 回填土的击实试验

回填土质量以密实度为标准时,应做土的击实试验,提出最大干密度、最佳含水率以及根据密实度的要求提供最小干密度的控制指标。

轻型击实试验适用于粒径小于5mm的黏性土,重型击实试验适用于粒径不大于40mm的土。击实仪应符合《土工试验方法标准》(GB/T50129—1999)的规定。

试样制备分干法和湿法。选择5个含水量,其中两个大于塑限含水量,两个小于塑限含水量,一个接近塑限含水量,相邻两个含水量的差值宜为2%。对重型击实,制备含水量可略小。

取样数量为20kg。

3.1.2.5 土的含水率试验、计算、评定、试验步骤:

(1)取有代表性试样,黏性土为15~20g,砂性土、有机质土为50g,放入称量盒内,盖上盒盖,称湿土质量,精确至0.01g。

(2)打开盒盖,将盒置于烘箱内,在105~110°C的恒温下烘干,烘干时间对黏性土不得少于8h,对砂性土不得少于6h,对含有机质超过5%的土,应将温度控制在65~70°C的恒温下烘干(可以用酒精法)。

(3)将称量盒从烘箱中取出,盖上盒盖,放入干燥容器内冷却至室温,称干土质量,精确至0.01g。

(4)计算评定:

$$\omega_0 = \left(\frac{m_0}{m_d} - 1\right) \times 100\% （精确至 0.1\%）$$

式中 ω_0——含水量(%);

m_0——湿土质量(g);

m_d——干土质量(g)。

应进行两次平行测定,两次测定的差值,当含水量小于40%时不得大于1%,当含水量等于、大于40%时不得大于2%,取两次测值的平均值。

3.1.2.6 试验报告

(1)填写:

回填土试验报告见表3-1。

回填土试验报告　　　　　　表3-1

回填土试验报告 表 C6-5		编　号	
^	^	试验编号	
^	^	委托编号	
工程名称及施工部位			
委托单位		试验委托人	
要求压实系数 (λ_c)		回填土种类	
控制干密度 (ρ_d)	g/cm³	试验日期	

项目 \ 点号 步数										
	实测干密度(g/cm³)									
	实测压实系数									

取样位置简图(附图)					
结论：					
批　准		审　核		试　验	
试验单位					
报告日期					

本表由建设单位、施工单位、城建档案馆各保存一份。

回填土试验报告表中委托单位、工程名称及施工部位、回填土种类、控制干密度,应由施工单位填写清楚、齐全。步数、取样位置草图由取样单位填写清楚。

工程名称:要写具体。

施工部位:一定要写清楚。

回填土种类:具体填写指素土、n:m灰土(如3:7灰土)、砂或砂石等。

土质:是指粉土、粉质黏土、黏土等。

控制干密度:设计图纸有要求的,填写设计要求值;设计图纸无要求的应符合下列标准:

素土:一般情况下应 $\geqslant 1.65 g/cm^3$,黏土 $\geqslant 1.49 g/cm^3$。

灰土:

粉土控制干密度 $1.55 g/cm^3$。

粉质黏土控制干密度 $1.50 g/cm^3$。

黏土控制干密度 $1.45 g/cm^3$。

砂不小于在中密状态时的干密度,中砂 $1.55 \sim 1.60 g/cm^3$。

砂石控制干密度 $2.10 \sim 2.20 g/cm^3$。

每层铺土厚度:一般为 $180 \sim 250mm$。(机械夯: ≯300mm,人工夯: ≯200mm。)

(2)收验、存档:

领取试验报告时,应检查报告是否字迹清晰,无涂改,有明确结论,试验室盖章、签字齐全。如有不符合要求的应提出,由试验室补齐。涂改处盖试验章,注明原因,不得遗失。试验报告取回后应归档保存好,以备查验。

(3)合格判定:

填土压实后的干密度,应有90%以上符合设计要求,其余10%的最低值与设计值的差,不得大于 $0.08 g/cm^3$,且不得集中。

试验结果不合格,应立即上报领导及有关部门及时处理。试验报告不得抽撤,应在其上注明如何处理,并附处理合格证明,一起存档。

3.1.3 注意事项

3.1.3.1 取样平面位置图按各层、段把取样点标示完整、清晰、准确,与回填土试验报告各点能一一对应,并要注明回填土的起止标高;

3.1.3.2 取样数量不应少于规定点数;

3.1.3.3 回填各层夯压密实后取样,不按虚铺厚度计算回填土的层数;

3.1.3.4 砂和砂石不能用做表层回填土,故回填表层应回填素土或灰土;

3.1.3.5 回填土质、填土种类、取样、试验时间等,应与地质勘察报告、验槽记录、有关隐蔽、预检、施工记录、施工日志及设计洽商分项工程质量评定相对应,交圈吻合。

3.1.4 整理要求

应将全部取样平面位置图和回填土试验报告按时间先后顺序装订在一起,编号建立分目录并使之相对应,装订顺序为:

3.1.4.1 分目录表;

3.1.4.2 取样平面位置图;

3.1.4.3 回填土干密度试验报告。

3.1.5 示例

某工程为六层砖混宿舍楼,基础埋深1.5m,房心及肥槽用素土回填,回填土试验报告填写见表3-2。

回填土试验报告　　　　　　　　　　　表 3-2

回填土试验报告 表 C6-5		编　号	单位编号:04094
		试验编号	2003-0227
		委托编号	2003-04236
工程名称及施工部位	×××小区1号楼房心肥槽回填(-1.50m~-0.10m)		
委托单位	×××	试验委托人	×××
要求压实系数(λ_c)	0.95	回填土种类	素土
控制干密度(ρ_d)	1.65　g/cm³	试验日期	2003.08.26

项目　　点号 步数	1	2	3	4	5	6	7	8	9	10
	实测干密度(g/cm³)									
	实测压实系数									
1	1.71	1.72	1.73	1.75	1.74	1.72	1.73	1.75		
2	1.70	1.72	1.71	1.75	1.74	1.76	1.72	1.70		
3	1.72	1.71	1.75	1.76	1.74	1.73	1.72	1.75	1.74	1.75
4	1.71	1.72	1.71	1.74	1.72	1.72	1.69	1.73	1.73	1.72
5	1.70	1.72	1.75	1.76	1.74	1.73	1.75	1.73	1.74	1.71
6	1.70	1.70	1.73	1.74	1.75	1.72	1.74	1.76	1.77	1.73

取样位置简图						
结论:根据 GB50202—2002,该素土合格。						
批　准	×××	审　核	×××	试　验	×××	
试验单位	×××					
报告日期	2003年8月26日					

本表由建设单位、施工单位、城建档案馆各保存一份。

3.2 砌筑砂浆

砌筑砂浆是指砖石砌体所用的水泥砂浆和水泥混合砂浆。

3.2.1 试配申请和配合比通知单

砌筑砂浆的配合比都应经试配确定。施工单位应从现场抽取原材料试样,根据设计要求向有资质的试验室提出试配申请,由试验室通过试配来确定砂浆的配合比。砂浆的配合比应采用重量比。试配砂浆强度应比设计强度提高15%。施工中要严格按照试验室的配比通知单计量施工,如砂浆的组成材料(水泥、掺合料和骨料)有变更,其配合比应重新试配选定。

3.2.1.1 砌筑砂浆的原材料要求:

(1)水泥:应有出厂合格证明。用于承重结构的水泥,如无出厂证明,水泥出厂超过该品种存放规定期限,或对质量有怀疑的水泥及进口水泥等应在试配前进行水泥复试,复试合格才可使用。

(2)砂:砌筑砂浆宜采用中砂,并应过筛,不得含有草根等杂物。

水泥砂浆和强度等级大于M5的水泥混合砂浆,砂的含泥量不应超过5%;强度等级小于M5的水泥混合砂浆,砂的含泥量不应超过10%(采用细砂的地区,砂的含泥量可经试验后酌情放大)。

(3)石灰膏:砌筑砂浆用石灰膏应由生石灰充分熟化而成,熟化时间不得少于7d。要防止石灰膏干燥、冻结和污染,脱水硬化的石灰膏要严禁使用。

(4)水:拌制砂浆的水应采用不含有害物质的纯净水。

3.2.1.2 砂浆配合比申请单式样见表3-3。

3.2.1.3 砂浆配合比通知单式样见表3-4。

砂浆配合比申请单 表3-3

砂浆配合比申请单 表C6-7		编 号	
		委托编号	
工程名称			
委托单位		试验委托人	
砂浆种类		强度等级	
水泥品种		厂 别	
水泥进场日期		试验编号	
砂产地	粗细级别	试验编号	
掺合料种类		外加剂种类	
申请日期	年 月 日	要求使用日期	年 月 日

砂浆配合比通知单 表3-4

砂浆配合比通知单 表C6-7			配合比编号		
			试配编号		
强度等级		试验日期		年 月 日	
配 合 比					
材料名称	水 泥	砂	白灰膏	掺合料	外加剂
每立方米用量（kg/m³）					
比 例					
注：砂浆稠度为70~100mm，白灰膏稠度为120±5mm。					
批 准		审 核		试 验	
试验单位					
报告日期					

本表由施工单位保存。

配合比通知单是由试配单位根据试验结果,选取最佳配合比填写签发的。施工中要严格按配比计量施工,施工单位不能随意变更。配合比通知单应字迹清晰、无涂改、签字齐全等。施工单位应验看,并注意通知单上的备注、说明。

3.2.2 必试项目及试验、养护

3.2.2.1 必试项目

(1)稠度;
(2)抗压强度。

3.2.2.2 试验

(1)稠度试验:将拌合好的砂浆一次注入稠度测定仪的筒内,砂浆表面约低于筒口10mm左右,用捣棒插捣25次,然后轻轻振动或敲击5~6次,使表面平整,移至测定仪底座上,向下移动滑杆,使锥体尖端与砂浆表面接触,固定滑杆,调整零点,然后放松旋钮,使圆锥体自由落入砂浆中,待10s时,从刻度盘上读出下沉距离(精确至1mm)即为砂浆稠度。取两次试验结果的算术平均值精确至1mm;两次试验值之差如大于20mm,则应另取砂浆搅拌后重新测定。

(2)抗压强度试块制作:将无底试模放在预先铺有吸水性较好纸的普通砖上(砖的吸水率不低于10%,含水率不大于20%),试模内外壁涂刷薄层机油或脱模剂。

向试模内一次注满砂浆,用捣捧均匀由外向里按螺旋方向插捣25次,并用油灰刀沿模壁插数次,使砂浆高出试模顶6~8mm。当砂浆表面开始出现麻斑状态时(15~30min)将高出部分削去抹平。

3.2.2.3 养护

试件在20 ± 5℃环境停置24 ± 2h拆模。拆模前要先编号,写上施工单位、工程名称及部位强度等级、制模日期,标养

试块移至标养室养护至 28d,送压。同条件的要在施工地点养护。水泥砂浆、微沫剂砂浆养护湿度 90%,混合砂浆养护湿度为 60%~80%,养护温度均为 20±3℃。

3.2.3 抗压试验报告

3.2.3.1 试块留置

砌筑砂浆以同一强度等级、同一配合比、同种原材料每一楼层(基础可按一个楼层计)为一取样单位,砌体超过 250m³,以每 250m³ 为一取样单位,余者亦为一取样单位。

每一取样单位标准养护试块的留置组数不得少于一组(每组六块),还应制作同条件养护试块,备用试块各一组。试样要有代表性,每组试块(包括相对应的同条件备用试块)的试样必须取自同一次拌制的砌筑砂浆拌合物。

施工中取样应在使用地点的砂浆槽、砂浆运送车或搅拌机出料口,至少从三个不同部位集取,数量应多于试验用料的 1~2 倍。

3.2.3.2 砂浆试块试压报告见表 3-5。

砂浆试块试压报告单中上半部项目应由施工单位填写齐全、清楚。施工中没有的项目应划斜线或填写"无"。

其中工程名称及部位要写详细、具体,配合比要依据配比通知单填写,水泥品种及强度等级、砂产地及种类、砂浆种类、强度等级、掺合料种类及外加剂种类要据实填写,并和原材料试验单、配合比通知单对应吻合。作为强度评定的试块,必须是标准养护 28d 的试块,龄期 28d 不能迟或者早,要推算准确试压日期,填写在要求试压日期栏内,交试验室试验。

领取试压报告时,应验看报告中是否字迹清晰,无涂改,签章齐全,结论明确,试压日期与要求试压日期是否符合。同组试块抗压强度的离散性和达到设计强度的百分数是否符合规范要求,合格存档,否则应通知有关部门和单位进行处理或更正后再归档保存。

砂浆抗压强度试验报告　　　表 3-5

砂浆抗压强度试验报告 表 C6-8				编　　号		
				试验编号		
				委托编号		
工程名称及部位				试件编号		
委托单位				试验委托人		
砂浆种类		强度等级		稠　　度		
水泥品种及强度等级				试验编号		
砂产地及种类				试验编号		
掺合料种类				外加剂种类		
配合比编号						
试件成型日期		要求龄期		(d)	要求试验日期	
养护方法		试件收到日期			试件制作人	

	试压日期	实际龄期(d)	试件边长(mm)	受压面积(mm^2)	荷载(kN)		抗压强度(MPa)	达设计强度等级(%)
					单块	平均		
试验结果								

结论：

批　准		审　核		试　验	
试验单位					
报告日期					

本表由建设单位、施工单位各保存一份。

3.2.4 砂浆试块强度统计评定

砂浆试块试压后,应将试压报告按时间先后顺序装订在一起并编号及时登记在砌筑砂浆试块强度统计评定记录表中,表样见表3-6。

砌筑砂浆试块强度统计、评定记录　　　表 3-6

砌筑砂浆试块强度统计、评定记录 表 C6-9			编　号	
工程名称			强度等级	
施工单位			养护方法	
统 计 期	年 月 日至 年 月 日		结构部位	
试块组数 n	强度标准值 f_2(MPa)	平均值 $f_{2,m}$(MPa)	最小值 $f_{2,\min}$(MPa)	$0.75f_2$
每组强度值（MPa）				
判定式结果	$f_{2,m} \geq f_2$		$f_{2,\min} \geq 0.75f_2$	
结论:				
批　　准		审　　核		统　　计
报告日期				

本表由建设单位、施工单位、城建档案馆各保存一份。

单位工程竣工后应对砂浆强度进行统计评定。砂浆强度按单位工程为同一验收批,参加评定的标准养护 28d 试块的抗压强度,基础结构工程所用砌筑砂浆如与主体结构工程的品种

不同,应做为一个验收批进行评定,否则,按品种、强度等级相同砌筑砂浆强度分别进行统计评定。其合格判定标准为:

3.2.4.1 同品种、同强度等级砂浆各组试块的平均强度不小于 $f_{m,k}$。

3.2.4.2 任意一组试块的强度不小于 $0.75f_{m,k}$。

注:$f_{m,k}$——砂浆(立方体)抗压强度标准值。

凡强度未达到设计要求的砂浆要有处理措施。涉及承重结构砌体强度需要检测的,应经法定检测单位检测鉴定,并经设计人签认。

3.2.5 注意事项

3.2.5.1 原材料材质报告、试配单、试块试压报告及实际用料要物证吻合,各单据与施工日志中日期、代表数量一致交圈。

3.2.5.2 按规定每组应留置 6 块试块,砂浆标养试块龄期 28d 要准,非标养试块养护要做测温记录。

3.2.5.3 工程中各品种、各强度等级的砌筑砂浆都要按规范要求留置试块,不得少留或漏留。

3.2.5.4 不得随意用水泥砂浆代替水泥混合砂浆。如有代换,必须有代换洽商手续。

3.2.5.5 单位工程的砂浆强度要进行统计评定。按同一品种、强度等级、配比分别进行评定。单位工程中同批仅有一组试块时,也要进行强度评定,其强度不低于 $f_{m,k}$。

3.2.6 整理要求

3.2.6.1 基础砌筑砂浆的施工试验资料包括:

(1)砂浆配合比申请单;

(2)砂浆配合比通知单;

(3)砂浆试块试压报告。

3.2.6.2 应将上述各种施工试验资料分类,按时间先后顺序收集在一起,不能有遗漏,并编号建立分目录使之相对应。收集排列顺序为：

(1)分目录表；

(2)砂浆配合比申请单、通知单；

(3)砂浆试块试压报告目录表；

(4)砂浆试块抗压强度统计评定表；

(5)砂浆试块抗压报告。

3.2.7 示例

砂浆配合比申请单　　　　　　表3-7

砂浆配合比申请单 表 C6-7		编　号	单位编号:27007
^^		委托编号	2003—00325
工程名称	×××回迁区8号楼4~5层墙体砌筑		
委托单位	×××	试验委托人	×××
砂浆种类	水泥砂浆	强度等级	M7.5
水泥品种	P·O	厂　别	丰润双利水泥厂跨世
水泥进场日期		试验编号	2003—0133
砂产地	昌平　粗细级别　细砂	试验编号	2003—0105
掺合料种类		外加剂种类	岩砂晶
申请日期	2003年5月26日	要求使用日期	年　月　日

砂浆配合比通知单　　　　　　表3-8

砂浆配合比通知单 表 C6-7				配合比编号	2003—0117	
^^				试配编号		
强度等级	M7.5	试验日期			年　月　日	
配　合　比						
材料名称	水泥	砂		白灰膏	掺料	外加剂
每立方米用量 (kg/m³)	258	1340				0.14
比　例	1	5.19				0.001
注：砂浆稠度为70~100mm,白灰膏稠度为120±5mm。						
批　准	×××	审　核		×××	试　验	×××
试验单位	×××					
报告日期	2003年6月3日					

本表由施工单位保存。

砂浆抗压强度试验报告 表3-9

砂浆抗压强度试验报告 表C6-8				编　　号	单位编号:27008
				试验编号	2003—0388
				委托编号	2003—04364
工程名称及部位	×××回迁区1号楼地下室内墙墙体砌砖			试件编号	01
委托单位	×××			试验委托人	×××
砂浆种类	水泥砂浆	强度等级	M10	稠　　度	90mm
水泥品种及强度等级	P·O			试验编号	2003　0152
砂产地及种类	昌平　细砂			试验编号	2003—0128
掺合料种类				外加剂种类	
配合比编号	2003—0146				
试件成型日期	2003.08.04	要求龄期	28(d)	要求试验日期	2003.09.01
养护方法	标准养护	试件收到日期	2003.09.01	试件制作人	李涛

试验结果	试压日期	实际龄期(d)	试件边长(mm)	受压面积(mm²)	荷载(kN) 单块	荷载(kN) 平均	抗压强度(MPa)	达设计强度等级(%)
	2003.09.01	28	70.7	5000	70.5	61.7	12.3	123
					64.5			
					62.0			
					52.0			
					61.0			
					60.0			

说明：						
批　　准	×××	审　核	×××	试　　验	×××	
试验单位	×××					
报告日期	2003年9月1日					

本表由建设单位、施工单位各保存一份。

砌筑砂浆试块强度统计、评定记录　　表 3-10

砌筑砂浆试块强度统计、评定记录 表 C6-9						编　号		20001
工程名称	×××宿舍楼					强度等级		M10
施工单位	×××					养护方法		标　养
统 计 期	2003年3月10日 至03年9月15日					结构部位		主　体
试块组数 n	强度标准值 f_2(MPa)		平均值 $f_{2,m}$(MPa)			最小值 $f_{2,\min}$(MPa)		$0.75f_2$
6	10.0		11.1			7.6		7.5
每组强度值（MPa）	11.0	11.5	13.0	7.6	12.0	11.3		
判定式	$f_{2,m} \geq f_2$					$f_{2,\min} \geq 0.75f_2$		
结　果	11.1>10.0					7.6>7.5		
结论：根据 GB50203—2002,该×××宿舍楼主体砌筑砂浆试块强度评定合格。								
批　准			审　核			统　计		
×××			×××			×××		
报告日期			2003年9月16日					

本表由建设单位、施工单位、城建档案馆各保存一份。

3.3 混 凝 土

3.3.1 配合比申请单和配合比通知单

凡工程结构用混凝土应有配合比申请单和试验室签发的配合比通知单。施工中如主要材料有变化,应重新申请试配。

3.3.1.1 试配的申请

工程结构需要的混凝土配合比,必须经有资质的试验室通过计算和试配来确定。配合比要用重量比。

混凝土施工配合比,应根据设计的混凝土强度等级和质量检验以及混凝土施工和易性的要求确定,由施工单位现场取样送试验室,填写混凝土配合比申请单并向试验室提出试配申请。对抗冻、抗渗混凝土,应提出抗冻、抗渗要求。

(1)取样:应从现场取样,一般水泥 50kg,砂 80kg、石 150kg。抗渗要求时加倍。

(2)混凝土配合比申请单见表3-13。

混凝土配合比申请单中的项目都应填写,不要有空项,没有的项目填写"无"或划斜杠。混凝土配合比申请单至少一式 3 份。

其中工程名称要具体,施工部位要注明。

申请试配强度:混凝土的施工配制强度可按下列确定:

$$f_{cu,0} = f_{cu,k} + 1.645\sigma$$

式中 $f_{cu,0}$ ——混凝土的施工配制强度(N/mm^2);

$f_{cu,k}$ ——设计的混凝土强度标准值(N/mm^2);

σ ——施工单位的混凝土强度标准差(N/mm^2)。

施工单位的混凝土强度标准差应按下列规定确定:

1)当施工单位具有近期的同一品种混凝土强度资料时,

其混凝土强度标准差 σ 应按下列公式计算：

$$\sigma = \sqrt{\frac{\sum_{i=1}^{N} f_{cu,i}^2 - N\mu^2 f_{cu}}{N-1}}$$

式中 $f_{cu,i}$——统计周期内同一品种混凝土第 i 组试件的强度值（N/mm²）；

μf_{cu}——统计周期内同一品种混凝土 N 组强度的平均值（N/mm²）；

N——统计周期内同一品种混凝土试件的总组数，$N \geqslant 25$。

注：1. "同一品种混凝土"系指混凝土强度等级相同且生产工艺和配合比基本相同的混凝土；

2. 对预拌混凝土和预制混凝土构件厂，统计周期可取为 1 个月；对现场拌制混凝土的施工单位，统计周期可根据实际情况确定，但不宜超过 3 个月；

3. 当混凝土强度等级为 C20 或 C25 时，如计算得到的 $\sigma < 2.5$ N/mm²，取 $\sigma = 2.5$ N/mm²；当混凝土强度等级高于 C25 时，如计算得到的 $\sigma < 3.0$ N/mm²，取 $\sigma = 3.0$ N/mm²。

2）当施工单位不具有近期的同一品种混凝土强度资料时，其混凝土强度标准差 σ 可按表 3-11 取用。

σ 值（N/mm²）　　　　　　　表 3-11

混凝土强度等级	低于 C20	C20 ~ C35	高于 C35
σ	4.0	5.0	6.0

注：在采用本表时，施工单位可根据实际情况，对 σ 值作适当调整。

要求坍落度：

结构所需混凝土坍落度可参照表 3-12。

混凝土浇筑时的坍落度(mm) 表 3-12

结 构 种 类	坍落度
基础或地面等的垫层,无配筋的大体积结构(挡土墙、基础等)或配筋稀疏的结构	10~30
板、梁和大型及中型截面的柱子等	30~50
配筋密列的结构(薄壁、斗仓、细柱等)	50~70
配筋特密结构	70~90

注:1. 本表系采用机械振捣混凝土的坍落度,当采用人工捣实混凝土时其值可适当增大;
   2. 当需要配制大坍落度混凝土时,应掺用外加剂;
   3. 曲面或斜面结构混凝土的坍落度应根据实际需要另行选定;
   4. 轻骨料混凝土的坍落度,宜比表中数值减少 10~20mm。

干硬性混凝土填写的工作度:

水泥:承重结构所用水泥必须进行复试,如尚未做试验,合格再做试配。

混凝土配合比申请单 表 3-13

混凝土配合比申请单 表 C6-10		编 号	
		委托编号	
工程名称及部位			
委托单位		试验委托人	
设计强度等级		要求坍落度、扩展度	
其他技术要求			
搅拌方法	浇捣方法	养护方法	
水泥品种及强度等级	厂别牌号	试验编号	
砂产地及种类		试验编号	
石子产地及种类	最大粒径 mm	试验编号	
外加剂名称		试验编号	
掺合料名称		试验编号	
申请日期	使用日期	联系电话	

试验编号必须填写。

砂、石：混凝土用砂、石应先做试验，配合比申请单中砂、石各项目要依照砂、石试验报告填写。一般高于或等于C30和有抗冻、抗渗或其他特殊要求的混凝土用砂，其含泥量按重量计不大于3%，石子含泥量不大于1%；低于C30的混凝土用砂含泥量不大于5%，石子含泥量不大于2%。

其他技术要求、掺合料名称、外加剂名称有则按实际填写、没有则写"无"或划斜杠，不应空缺。

3.3.1.2 配合比通知单

配合比通知单（式样见表3-14）是由试验室经试配，选取最佳配合比填写签发的。施工中要严格按此配合比计量施工，不得随意修改。

混凝土配合比通知单　　　　　表3-14

混凝土配合比通知单 表C6-10				配合比编号			
				试验编号			
强度等级		水胶比		水灰比		砂率	
材料名称＼项目	水泥	水	砂	石	外加剂	掺合料	其他
每m³用量（kg/m³）							
每盘用量(kg)							
混凝土碱含量（kg/m³）	注：此栏只有遇Ⅱ类工程(按京建科[1999]230号规定分类)时填写						
说明：本配合比所使用材料均为干材料，使用单位应根据材料含水情况随时调整。							
批　　准			审　　核			试　　验	
报告日期							

本表由施工单位保存。

施工单位领取配合比通知单后,要验看是否字迹清晰、签章齐全、无涂改、与申请要求吻合,并注意配合比通知单上的备注说明。

混凝土配合比申请单及通知单是混凝土施工试验的一项重要资料,要归档妥善保存,不得遗失、损坏。

3.3.2 混凝土必试项目及试验、养护

3.3.2.1 混凝土必试项目

(1)稠度试验;

(2)强度试验;

3.3.2.2 试验

(1)稠度试验,坍落度法(T)❶

1)本方法适用于骨料最大粒径不大于 40mm、坍落度不小于 10mm 的混凝土拌合物稠度测定。

2)坍落度与坍落扩展度试验所用的混凝土坍落度仪应符合《混凝土坍落度仪》(JG3021)中有关技术要求的规定。

3)坍落度与坍落扩展度试验应按下列步骤进行:

(A)湿润坍落度筒及底板,在坍落度筒内壁和底板上应无明水。底板应放置在坚实水平面上,并把筒放在底板中心,然后用脚踩住二边的脚踏板,坍落度筒在装料时应保持固定的位置。

(B)把按要求取得的混凝土试样用小铲分三层均匀地装入筒内,使捣实后每层高度为筒高的三分之一左右。每层用捣棒插捣 25 次。插捣应沿螺旋方向由外向中心进行,各次插捣应在截面上均匀分布。插捣筒边混凝土时,捣棒可以稍稍

---

❶ 混凝土稠度试验的另一种方法叫维勃稠度法(V),主要适用于干硬性混凝土。

倾斜。插捣底层时,捣棒应贯穿整个深度,插捣第二层和顶层时,捣棒应插透本层至下一层的表面;浇灌顶层时,混凝土应灌到高出筒口。插捣过程中,如混凝土沉落到低于筒口,则应随时添加。顶层插捣完后,刮去多余的混凝土,并用抹刀抹平。

(C)清除筒边底板上的混凝土后,垂直平稳地提起坍落度筒。坍落度筒的提离过程应在 5~10s 内完成;从开始装料到提坍落度筒的整个过程应不间断地进行,并应在 150s 内完成。

(D)提起坍落度筒后,测量筒高与坍落后混凝土试体最高点之间的高度差,即为该混凝土拌合物的坍落度值;坍落度筒提离后,如混凝土发生崩坍或一边剪坏现象,则应重新取样另行测定;如第二次试验仍出现上述现象,则表示该混凝土和易性不好,应予记录备查。

(E)观察坍落后的混凝土试体的黏聚性及保水性。黏聚性的检查方法是用捣棒在已塌落的混凝土锥体侧面轻轻敲打,此时如果锥体逐渐下沉,则表示黏聚性良好,如果锥体倒塌、部分崩裂或出现离析现象,则表示黏聚性不好。保水性以混凝土拌合物稀浆析出的程度来评定,坍落度筒提起后如有较多的稀浆从底部析出,锥体部分的混凝土也因失浆而骨料外露,则表明此混凝土拌合物的保水性能不好;如坍落度筒提起后无稀浆或仅有少量稀浆自底部析出,则表示此混凝土拌合物保水性良好。

(F)当混凝土拌合物的坍落度大于 220mm 时,用钢尺测量混凝土扩展后最终的最大直径和最小直径,在这两个直径之差小于 50mm 的条件下,用其算术平均值作为坍落扩展度值;否则,此次试验无效。

如果发现粗骨料在中央集堆或边缘有水泥浆析出,表示此混凝土拌合物抗离析性不好,应予记录。

4)混凝土拌合物坍落度和坍落扩展度值以 mm 为单位,测量精确至 1mm,结果表达约至 5mm。

(2)强度试验,抗压试块的制作

混凝土抗压强度目前均指立方体抗压强度。试件每组 3 块,试模尺寸有三种及强度折算系数见表 3-15。

允许的试件最小尺寸及其强度折算系数　　表 3-15

骨料最大粒径(mm)	试件边长(mm)	强度折算系数
≤31.5	100	0.95
≤40	150	1.00
≤50	200	1.05

1)混凝土试件的制作应符合下列规定:

(A)成型前,应检查试模尺寸并符合有关规定;试模内表面应涂一薄层矿物油或其他不与混凝土发生反应的脱模剂。

(B)在试验室拌制混凝土时,其材料用量应以质量计,称量的精度:水泥、掺合料、水和外加剂为 ±0.5%;骨料为 ±1%。

(C)取样或试验室拌制的混凝土应在拌制后尽量短的时间内成型,一般不宜超过 15min。

(D)根据混凝土拌合物的稠度确定混凝土成型方法,坍落度不大于 70mm 的混凝土宜用振动振实;大于 70mm 的宜用捣棒人工捣实;检验现浇混凝土或预制构件的混凝土,试件成型方法宜与实际采用的方法相同。

2)混凝土试件制作应按下列步骤进行:

(A)取样或拌制好的混凝土拌合物应至少用铁锨再来回拌合三次。

(B)按本章 3.3.2.2(2)—1)(D)的规定,选择成型方法成型。

(a)用振动台振实制作试件应按下述方法进行:

①将混凝土拌合物一次装入试模,装料时应用抹刀沿各试模壁插捣,并使混凝土拌合物高出试模口;

②试模应附着或固定在振动台上,振动时试模不得有任何跳动,振动应持续到表面出浆为止;不得过振。

(b)用人工插捣制作试件应按下述方法进行:

①混凝土拌合物应分两层装入模内,每层的装料厚度大致相等;

②插捣应按螺旋方向从边缘向中心均匀进行。在插捣底层混凝土时,捣棒应达到试模底部;插捣上层时,捣棒应贯穿上层后插入下层 20~30mm;插捣时捣棒应保持垂直,不得倾斜。然后应用抹刀沿试模内壁插拔数次;

③每层插捣次数按在 10000mm^2 截面积内不得少于 12 次;

④插捣后应用橡皮锤轻轻敲击试模四周,直至插捣棒留下的空洞消失为止。

(c)用插入式振捣棒振实制作试件应按下述方法进行:

①将混凝土拌合物一次装入试模,装料时应用抹刀沿各试模壁插捣,并使混凝土拌合物高出试模口;

②宜用直径为 $\phi25mm$ 的插入式振捣棒,插入试模振捣时,振捣棒距试模底板 10~20mm 且不得触及试模底板,振动应持续到表面出浆为止,且应避免过振,以防止混凝土离析;一般振捣时间为 20s。振捣棒拔出时要缓慢,拔出后不得留有孔洞。

(C)刮除试模上口多余的混凝土,待混凝土临近初凝时,用抹刀抹平。

(D)制模完毕,要认真填写混凝土施工及试块制作记录,见表 3-16。

混凝土施工及试块制作记录　　　表3-16

施工队组：_____

试块制作人：_____

年、月、日时间			天气情况		大气温度	
施工部位 （构件名称）					设计强度 等级	
试块 编号	尺寸 (mm)	d		d		d	
		强度	达设计 （％）	强度	达设计 （％）	强度	达设计 （％）

原材情况	水泥	试验编号	厂别、牌号		品种、标号	
	砂	试验编号	产地、规格		含水率	（％）
	石	试验编号	产地、规格		含水率	（％）
	掺合料	试验编号	产地、规格			

配比编号	水灰比	砂率（％）	kg/m³					
			水	灰	砂	石	掺合料	外加剂
下达配比								品种： 掺量：
调整配比								

施工情况 及试块 制作说明	数量(m³)_____拌合物外观_____ 配比执行情况_____ 计量误差_____ 其他_____

注：表中各项要根据实际情况填写齐全。

3.3.2.3 试件的养护

(1)试件成型后应立即用不透水的薄膜覆盖表面。

(2)采用标准养护的试件，应在温度为(20±5)℃的环境中静置一昼夜至二昼夜，然后编号、拆膜。拆膜后应立即放入

203

温度为(20±2)°C,相对湿度为95%以上的标准养护室中养护,或在温度为(20±2)°C的不流动的 $Ca(OH)_2$ 饱和溶液中养护。标准养护室内的试件应放在支架上,彼此间隔10~20mm,试件表面应保持潮湿,并不得被水直接冲淋。

(3)同条件养护试件的拆模时间可与实际构件的拆模时间相同,拆模后,试件仍需保持同条件养护。

(4)标准养护龄期为28d(从搅拌加水开始计时)。

注意:

蒸汽养护的混凝土结构和构件,其试块应随同结构和构件养护后,再转入标准条件下养护共28d。

混凝土试块拆模后,不仅要编号,而且各试块上要写清混凝土强度等级、代表的工程部位和制作日期。

混凝土标养试块要有测温、湿度记录,同条件养护试块应有测温记录。

3.3.3 抗压试验报告

3.3.3.1 普通混凝土强度试验的取样方法和试块留置。

(1)普通混凝土强度试验以同一混凝土强度等级,同一配合比、生产工艺相同。

1)每拌制100盘但超不过100m³;

2)每一工作台班;

3)每一流水段;

为一取样单位。

(2)每一取样单位标准养护试块的留置组数不得少于1组。

(3)施工现场为了检查结构拆模、吊装及施工期间临时负荷的需要应留置与结构同条件养护的试块,每项同条件养护试块不得少于1组。

(4)构件厂为了检查预制构件的拆模、出池、张拉、放张及出厂等需要,应留置与构件同条件养护的试块,不同养护条件的试块的组数(蒸汽养护池应每池有试块)不得少于一组,并应留有备用试块。

(5)用于检查结构构件混凝土质量的试块,应在混凝土的浇灌地点随机取样制作,并以标准养护28d强度为评定依据。

(6)冬期施工的混凝土试件的留置除应符合有关规定外,尚应增设不少于两组与结构同条件养护的试件,分别用于检查受冻前的混凝土强度和转入常温养护28d的混凝土强度。

(7)试样要有代表性,应在搅拌后第3盘至结束前30min之间取样。

(8)每组试件(包括相对应的同条件试块及冬施增设的试块)的试样必须取自同一次搅拌的混凝土拌合物。

3.3.3.2 混凝土试件抗压强度试验报告。见表3-17。

(1)填表:

表中上半部分的栏目由施工单位填写,其余部分由试验室负责填写。所有栏目应根据实际情况填写,不应空缺,加盖试验室试验章后方可生效。

工程名称及部位:要写具体。

实测坍落度、扩展度:填写实测坍落度值。

水泥、砂、石及配合比:依据其原材料试验单、配合比通知单填写齐全。

要求龄期:按施工要求龄期填写,作为评定结构或构件混凝土强度质量的试块,必须是28d龄期。

要求试验日期:制模日期+龄期。

养护方法:标养或同条件养护按实际情况填。

混凝土抗压强度试验报告　　　　表 3-17

混凝土抗压强度试验报告 表 C6-11						编　号		
						试验编号		
						委托编号		
工程名称及部位						试件编号		
委托单位						试验委托人		
设计强度等级						实测坍落度、扩展度		
水泥品种及强度等级						试验编号		
砂种类						试验编号		
石种类、公称直径						试验编号		
外加剂名称						试验编号		
掺合料名称						试验编号		
配合比编号								
成型日期			要求龄期			(d)	要求试验日期	
养护方法			收到日期				试块制作人	
试验结果	试验日期	实际龄期(d)	试件边长(mm)	受压面积(mm²)	荷载(kN)		平均抗压强度(MPa)	折合150mm立方体抗压强度(MPa)	达到设计强度等级(%)
					单块值	平均值			

结论:

批　准		审　核		试　验	
试验单位					
报告日期					

本表由建设单位、施工单位各保存一份。

(2)取验：

从试验室领取混凝土抗压强度试验报告时，应对其进行检查。

混凝土抗压强度试验报告单上要字迹清晰、无涂改，项目填写齐全，试验室签字盖章齐全，有明确结论。抗压强度值符合规范要求，作为混凝土强度评定的试块抗压强度符合混凝土强度检验评定标准。

混凝土试件抗压强度代表值取值要求：

1）以3个试件强度的算术平均值并折合成150mm立方体的抗压强度，做为该组试件的抗压强度值；

2）当3个试件强度中的最大值或最小值之一与中间值之差超过中间值的15%时，取中间值；

3）当3个试件强度中的最大值或最小值与中间值之差均超过中间值的15%时，该组试件不应作为强度评定的依据。

3.3.4 混凝土试块强度统计、评定

单位工程中由强度等级相同、龄期相同以及生产工艺条件和配合比基本相同的混凝土组成一个验收批。混凝土强度应分批进行统计、评定。

3.3.4.1 混凝土试件强度检验评定方法：

混凝土强度检验评定应以同批内标准试件的全部强度代表值按《混凝土强度检验评定标准》(GBJ107—87)进行检验评定。

统计方法评定：

当混凝土的生产条件在较长时间内能保持一致，且同一品种混凝土的强度变异性能保持稳定时，应由连续的三组试件组成一个验收批，其强度应同时满足下列要求：

$$m_{f_{cu}} \geq f_{cu,k} + 0.7\sigma_0$$

$$f_{cu,min} \geqslant f_{cu,k} - 0.7\sigma_0$$

当混凝土强度等级不高于 C20 时,强度的最小值尚应满足下式要求:

$$f_{cu,min} \geqslant 0.85 f_{cu,k}$$

当混凝土强度等级高于 C20 时强度的最小值尚应满足下式要求 $f_{cu,min} \geqslant 0.9 f_{cu,k}$

式中 $m_{f_{cu}}$——同一验收批混凝土立方体抗压强度的平均值(MPa);

$f_{cu,k}$——混凝土立方体抗压强度标准值(MPa);

σ_0——验收批混凝土立方体抗压强度的标准差(MPa);

$f_{cu,min}$——同一验收批混凝土立方体抗压强度的最小值(MPa)。

验收批混凝土立方体抗压强度的标准差,应根据前一个检验期内同一品种混凝土试件的强度数据,按下列公式确定:

$$\sigma_0 = \frac{0.59}{m} \sum_{i=1}^{m} \Delta f_{cu,i}$$

式中 $\Delta f_{cu,i}$——第 i 批试件立方体抗压强度中最大值与最小值之差;

m——用以确定验收批混凝土立方体抗压强度标准差的数据总批数。

注:上述检验期不应超过 3 个月,且在该期间内强度数据的总批数不得少于 15。

当混凝土生产条件在较长时间内不能保持一致,且混凝土强度变异性不能保持稳定时或在前一个检验期内的同一种混凝土没有足够的数据用以确定验收批混凝土立方体抗压强度的标准差时,应由不少于 10 组的试件组成一个验收批,其强度应同时满足下列公式的要求:

$$m_{f_{cu}} - \lambda_1 S_{f_{cu}} \geq 0.9 f_{cu,k}$$

$$f_{cu,min} \geq \lambda_2 f_{cu,k}$$

式中 $S_{f_{cu}}$——同一验收批混凝土立方体抗压强度的标准差（MPa），当 S_{fcu} 的计算值小于 $0.06 f_{cu,k}$ 时，取 $S_{f_{cu}} = 0.06 f_{cu,k}$；

$\lambda_1 、\lambda_2$——合格判定系数，按表3-18取用。

合格判定系数　　　　表3-18

试件组数	10～14	15～24	≥25
λ_1	1.70	1.65	1.60
λ_2	0.90	0.85	

混凝土立方体抗压强度的标准差 $S_{f_{cu}}$ 可按下列公式计算：

$$S_{f_{cu}} = \sqrt{\frac{\sum_{i=1}^{n} f_{cu,i}^2 - n m^2 f_{cu}}{n-1}}$$

式中 $f_{cu,i}$——第 i 组混凝土试件的立方体抗压强度值（N/mm²）；

n——一个验收批混凝土试件的组数。

非统计方法评定：

按非统计方法评定混凝土强度时，其强度应同时满足下列要求：

$$m f_{cu} \geq 1.15 f_{cu,k}$$

$$f_{cu,min} \geq 0.95 f_{cu,k}$$

3.3.4.2 混凝土试件强度统计、评定记录见表3-19。

(1)首先确定单位工程中需统计评定的混凝土验收批，找出所有符合条件的各组试件强度值，分别填入表中。

混凝土试块强度统计、评定记录(建筑企业)　表 3-19

混凝土试块强度统计、评定记录 表 C6-12				编　号	
工程名称				强度等级	
施工单位				养护方法	
统 计 期	年 月 日至 年 月 日			结构部位	
试块组数 n	强度标准值 $f_{cu,k}$(MPa)	平均值 $m_{f_{cu}}$(MPa)	标准差 $S_{f_{cu}}$(MPa)	最小值 $f_{cu,min}$(MPa)	合格判定系数
					λ_1　　λ_2

每组强度值(MPa)					

评定界限	□统计方法(二)			□非统计方法	
	$0.90 f_{cu,k}$	$m_{f_{cu}} - \lambda_1 \times S_{f_{cu}}$	$\lambda_2 \times f_{cu,k}$	$1.15 f_{cu,k}$	$0.95 f_{cu,k}$
判定式	$m_{f_{cu}} - \lambda_1 \times S_{f_{cu}}$ $\geqslant 0.90 f_{cu,k}$	$f_{cu,min}$ $\geqslant \lambda_2 \times f_{cu,k}$		$m_{f_{cu}}$ $\geqslant 1.15 f_{cu,k}$	$f_{cu,min}$ $\geqslant 0.95 f_{cu,k}$
结果					

结论：

批　准	审　核	统　计
报告日期		

本表由建设单位、施工单位、城建档案馆各保存一份。

(2)填写所有已知项目(如施工单位、工程名称、结构部位、强度等级、养护方法、试块组数、判定式等)。

(3)分别计算出该批混凝土试件强度平均值、标准差,查找出合格判定系数和批内混凝土试件强度最小值填入表内。

(4)计算出各评定数据并对混凝土试件强度进行判定,得出结论填入表中。

(5)签字、上报、存档。

(6)凡按验评标准进行强度统计达不到要求的,应有结构处理措施。需要检测的,应经法定检测单位检测并应征得设计人认可。检测、处理资料要存档。

3.3.5 回弹法评定混凝土抗压强度

回弹法系指在结构或构件混凝土上测得的回弹值和碳化深度值来评定该结构或构件混凝土强度的方法。

3.3.5.1 混凝土强度的检验与评定应按现行国家标准《混凝土强度检验评定标准》(GBJ107—87)及《混凝土结构工程施工质量验收规范》(GB50204—2002)执行,当对结构中的混凝土强度有检测要求时可按本规程进行检测,检测结果可作为处理混凝土质量问题的一个依据。对结构中的混凝土强度有怀疑包括以下内容:

(1)试件与结构中混凝土质量不一致;

(2)对试件的检验结果有怀疑;

(3)供检验用的试件数量不足。

3.3.5.2 根据对结构或构件混凝土强度评定的要求,分下列两种评定方法适用于单个结构或构件。

(1)单个检测:适用于单个结构或构件。

(2)批量检测:适用于在相同生产工艺条件下生产的混凝

土强度等级相同,原材料、配合比、成型工艺养护条件基本一致且龄期相近的同类构件。

3.3.5.3 按《回弹法检测混凝土抗压强度技术规程》JGJ/T23—2001推定的混凝土强度值相当于按标准方法制作,并试验的150mm立方体的同条件试块抗压强度值。

3.3.5.4 按JGJ/T23—2001规程中的混凝土强度换算表适用于下列条件下生产的混凝土构件。

(1)符合普通混凝土用原材料(包括拌合用水)的质量标准;

(2)不掺或仅掺非引气型外加剂;

(3)采用普通成型工艺;

(4)采用符合现行标准《混凝土结构工程施工质量验收规范》(GB50204—2002)标准规定的钢模、木模及其他材料制作的模板;

(5)自然养护或蒸养出池后经自然养护7d以上且混凝土表层为干燥状态;

(6)混凝土龄期为14~1000d;

(7)混凝土抗压强度为10~60MPa。

3.3.5.5 当遇到下列情况之一时不得按此规程来直接检测混凝土强度,但可制定专用曲线或通过试验进行修正:

(1)粗骨料最大粒径大于60mm;

(2)特殊成型工艺成型的混凝土(如挤压、喷射等);

(3)检测部位曲率半径小于250mm;

(4)潮湿或浸水的混凝土。

3.3.5.6 JGJ/T23—2001规程不适用于表层与内部质量有明显差异或内部存在有缺陷的混凝土构件的强度检测。

(1)混凝土遭受化学腐蚀或火灾;

(2)混凝土硬化期间遭受冻伤等或内部存在缺陷时。

3.3.5.7 检测结构或构件混凝土强度可采用下列两种方法,其适用范围及结构或构件数量应符合下列规定:

(1)单个检验:适用于单独的结构或构件。

(2)批量检验:适用于在相同生产工艺条件下,混凝土强度等级相同,原材料、配合比、成型工艺、养护条件基本一致,且龄期相近的同类构件。按批进行检测的构件,抽查数量不得少于同批构件总数的30%,且构件数量不得少于10件。抽检构件时,应随机抽取,使所选构件具有一定的代表性。

(3)每一构件的测区应符合下列要求:

1)每一结构或构件,其测区数不少于10个;对某一方向尺寸小于4.5m,且另一方向尺寸小于0.3m的构件,其测区数量可适当减少,但不应少于5个。

2)相邻两测区的间距应控制在2m以内,测区离构件边缘的距离不宜大于0.5m且不宜小于0.2m。

3)测区应选在使回弹仪处于水平方向、检测混凝土浇筑侧面。当不能满足此要求时,方可选在使回弹仪处于非水平方向,检测混凝土浇筑侧面、表面或底面。

4)测区宜选在构件的两个对称的可测面上,也可选在一个可测面上,且应均匀分布,在构件的重要部位及薄弱部位必须布置测区,并应避开预埋铁件。

5)测区面积宜控制在$0.04m^2$。

6)检测面应为混凝土面,并应清洁、平整,不应有疏松层、浮浆、油垢以及蜂窝、麻面,必要时可用砂轮清除疏松层和杂物,且不应有残留粉末和碎屑。

7)对于弹击时会产生颤动的薄壁、小型构件应设置支撑固定。

8)结构或构件的测区应标有清晰的编号,必要时应在记录纸上描述测区布置示意图和外观质量情况。

3.3.6 预拌混凝土

3.3.6.1 预拌(商品)混凝土应有预拌厂出厂合格证(表3-20)及有关资料,并以现场取样试件的抗压试验强度作为评定混凝土强度的依据。

预拌(商品)混凝土出厂合格证　　　　表 3-20

合同编号:
委托单位:　　　　　　　　工程名称:
使用单位:　　　　　　　　供应数量:　　　　　　　　　m³
混凝土强度等级:　　　　　供应日期: 年 月 日至 年 月 日
使用原材料情况:

材料名称	水泥	砂	石			
品种与规格						
试验编号						

混凝土标养试验结果:

制模日期	试件编号	配合比编号	抗压强度	抗折强度	抗渗试验结果

技术负责人:　　　　填表人:　　　　搅拌站盖章:
　　　　　　　　　　　　　　　　　　年 月 日

3.3.6.2 预拌混凝土出厂合格证要字迹清晰、项目齐全,签字盖章后为有效,有关资料包含如下:

(1)水泥品种、强度等级及每立方米混凝土中的水泥用量;

(2)骨料的种类和最大粒径;
(3)外加剂、掺合料的品种及掺量;
(4)混凝土强度等级和坍落度;
(5)混凝土配合比和标准试件强度;
(6)对轻骨料混凝土尚应提供其密度等级。

3.3.6.3 当采用预拌混凝土时,应在商定的交货地点进行坍落度检查,实测的混凝土坍落度与要求坍落度之间的允许偏差应符合表3-21。

混凝土坍落度与要求坍落度
之间的允许偏差(mm) 表3-21

要求坍落度	允 许 偏 差
<50	±10
50~90	±20
>90	±30

3.3.6.4 预拌混凝土的现场取样、试验同普通混凝土的要求。

3.3.7 防水混凝土

防水混凝土是指本身具有一定防水能力的整体式混凝土或钢筋混凝土。防水混凝土包括普通防水混凝土和掺外加剂的防水混凝土。

3.3.7.1 防水混凝土所用材料的要求

(1)水泥强度等级:不宜低于32.5级。

在不受侵蚀性介质和冻融作用时,宜采用普通硅酸盐水泥、火山灰质硅酸盐水泥、粉煤灰硅酸盐水泥。如掺用外加剂,亦可采用矿渣硅酸盐水泥。如受侵蚀性介质作用时,应按设计要求选用水泥。

在受冻融作用时,应优先选用普通硅酸盐水泥,不宜采用火山灰质硅酸盐水泥和粉煤灰硅酸盐水泥。

(2)砂、石：混凝土所用的砂、石技术指标除应符合《普通混凝土用砂质量标准及检验方法》(JGJ52—92)和《普通混凝土用碎石或卵石质量标准及检验方法》(JGJ53—92)的规定外，尚应符合下列规定：

石子最大粒径不宜大于40mm，所含泥土不得呈块状或包裹石子表面，吸水率不大于1.5%。

(3)水：不含有害物质的洁净水。

(4)外加剂：应根据具体情况采用减水剂、加气剂、防水剂及膨胀剂等。

3.3.7.2 防水混凝土配合比的要求

(1)防水混凝土的配合比应通过试验选定。选定配合比时，应按设计要求的抗渗等级提高0.2MPa；

(2)普通防水混凝土强度不宜低于30MPa；

(3)每立方米混凝土的水泥用量(包括粉细料在内)不少于320kg；

(4)含砂率以35%~40%为宜，灰砂比应为1:2~1:2.5；

(5)水灰比不大于0.6；

(6)坍落度不大于50mm。如掺用外加剂或采用泵送混凝土时，不受此限；

(7)掺用引气型外加剂的防水混凝土，其含气量应控制在3%~5%。

3.3.7.3 防水混凝土的试配申请和配合比通知书

(1)防水混凝土的试配申请：

防水混凝土不仅要满足混凝土的强度，而且要符合设计的抗渗要求。施工单位在申请试配时，要将这两项指标(强度等级、抗渗等级)注明。在填写混凝土配合比申请单时，应在

"其他技术要求"一栏内填写"有防水要求,抗渗等级为 P_X(如 P_6、P_8 等),其余栏目的填写同普通混凝土配合比申请单。试配应由施工单位现场取样,所有原材料要符合防水混凝土用料的要求。

(2)防水混凝土配合比通知单:

防水混凝土试配应由试验室来做,试配不仅要做混凝土强度试验,而且还应通过抗渗试验,经过这两项试验后,方能选定防水混凝土配合比。

防水混凝土配合比通知单与普通混凝土配合比通知单为同一表格样式。不同之处在于防水混凝土配合比还应符合防水抗渗的特殊要求,防水混凝土配合比的特殊要求如前所述。

3.3.7.4 防水混凝土试验取样和试件留置及养护

(1)抗压强度试块的留置方法和数量均按普通混凝土规定。

(2)抗渗试块的留置:

1)同一混凝土强度等级、同一抗渗等级、同一配合比、同种原材料,每单位工程不得少于两组。

2)试块应在浇筑地点制作,其中至少 1 组应在标准条件下养护。其余试块应与构件相同条件下养护。

3)试样要有代表性,应在搅拌后第 3 盘至搅拌结束前 30min 之间取样。

4)每组试样包括同条件试块,抗渗试块,强度试块的试样,必须取自同一次拌制的混凝土拌合物。

(3)抗渗试件以 6 块为一组,试件为顶面直径 175mm、底面直径 185mm、高 150mm 的圆台体,试件成型后 24h 拆模。拆模后,要用钢丝刷刷毛抗渗试件顶面和底面。然后编号并分别进行标准养护和同条件养护。养护期不少于 28d,不超过 90d。

3.3.7.5 表样

表样见表3-22。

混凝土抗渗试验报告　　　　　表 3-22

混凝土抗渗试验报告 表 C6-13		编　号	
:::	:::	试验编号	
:::	:::	委托编号	
工程名称及部位		试件编号	
委托单位		委托试验人	
抗渗等级		配合比编号	
强度等级	养护条件	收样日期	
成型日期	龄期	试验日期	
试验情况：			
结论：			
批　准		审　核		试　验	
试验单位			
报告日期			

本表由建设单位、施工单位、城建档案馆各保存一份。

表中上部,应由施工单位填写清楚、齐全,其余部分由试验室负责填写。

混凝土抗渗试验报告要字迹清晰、无涂改,试验室签字盖章齐全,结论明确,日期、工程名称及部位与实际吻合。

3.3.7.6 防水混凝土试验结果评定

(1)抗压强度:按普通混凝土的评定办法。

(2)抗渗性能试验:

1)混凝土抗渗等级以每组6个试块中有3个试件端面呈有渗水现象时的水压(H)计算出的P值进行评定。

2)若按委托抗渗等级(P)评定,而6个试件均无透水现象,应试压至$P+1$时的水压,方可评为大于或等于P。

3.3.8 轻骨料混凝土

3.3.8.1 轻骨料混凝土试验的取样方法和试块留置

(1)轻骨料混凝土强度试验以同一混凝土强度等级、同一配合比,生产工艺基本相同。

1)每拌制100盘且不超过100m³;

2)每一工作台班;

为一取样单位。

(2)每一取样单位标准养护试块的留置组数不得少于1组。

(3)根据需要可做拆模、起吊、早期强度及有特殊要求(如导热系数)等辅助性试件。

(4)以标准养护28d并折合成150mm³立方体抗压强度作为评定结构构件混凝土强度质量的依据。

(5)试样要有代表性,应在搅拌后第3盘至结束前30min之间取样。

(6)制作全部试块(包括辅助性试块)必须取自同一次拌

制的混凝土拌合物,并应在浇筑地点制作。

3.3.8.2 轻骨料混凝土的必试项目

(1)稠度试验;

(2)强度试验;

(3)干表观密度试验。

3.3.8.3 轻骨料混凝土水灰比几种表示方法及含义

(1)轻骨料混凝土配合比中的水灰比以净水灰比表示。配制全轻混凝土时,允许以总水灰比表示,但必须加以说明。

(2)净水灰比是指不包括轻骨料 1h 吸水量内的净用水量与水泥用量之比。

(3)总水灰比是指包括轻骨料 1h 吸水量在内的总用水量与水泥用量之比。

3.3.9 有特殊要求的混凝土

有特殊要求的混凝土应有专项试验报告。

3.3.9.1 耐火混凝土的耐火性能测试专项试验见表 3-23。

耐火混凝土的检验项目和技术要求　　表 3-23

极限使用温度	检 验 项 目	技 术 要 求
≤700℃	混凝土的强度等级	≥设计值
	加热至极限使用温度并经冷却后的强度	≥45%烘干抗压强度
900℃	混凝土的强度等级	≥设计值
	残余抗压强度 (1)水泥胶结料耐火混凝土	≥3%烘干抗压强度,不得出现裂缝 ≥70%烘干抗压强度,
	(2)水玻璃胶结料耐火混凝土	不得出现裂缝

续表

极限使用温度	检验项目	技术要求
1200~1300℃	混凝土的强度等级	设计值
	残余抗压强度 (1)水泥胶结料耐火混凝土 (2)水玻璃耐火混凝土 (3)加热至极限使用温度后的线收缩 　1)极限使用温度为1200℃时 　2)极限使用温度为1300℃时 (4)荷重软化温度(变形4%)	≥30%烘干抗压强度,不出现裂缝 ≥50%烘干抗压强度,不得出现裂缝 ≤0.7% ≤0.9% ≥极限使用温度

注:如设计对检验项目及技术要求另有规定时,应按设计规定进行。

3.3.9.2 耐酸混凝土的浸酸安定性试验

耐酸混凝土应留置浸酸试件,标准养护28d值(与抗压试块制作、养护相同),浸入盛有40%的工业硫酸的带盖容器中,浸饱28d后取出,用水冲净,阴置24h,检查试件,如无裂纹、起鼓、发酥、掉角、试件完整,表面及浸泡的酸液无显著变色,则为合格。

3.3.10 整理要求

3.3.10.1 混凝土的施工试验资料应归入施工试验记录分册中。

3.3.10.2 混凝土的施工试验资料包括:

(1)混凝土配合比申请单;
(2)混凝土配合比通知单;
(3)混凝土试件试压报告;
(4)混凝土试件抗压强度统计评定表;
(5)预拌混凝土(商品混凝土)出厂合格证;
(6)防水混凝土的配合比申请单、通知单;
(7)防水混凝土抗渗试验报告;

(8)有特殊要求混凝土的专项试验报告。

3.3.10.3 应将上述各种施工试验资料先分类,后按时间顺序收集,排列在一起,不要有遗漏,要编号建立分目录使之相对应。收集排列顺序为:

(1)混凝土配合比申请单;

(2)混凝土配合比通知单;

(3)混凝土试件试压报告;

(4)混凝土试件抗压强度统计评定表;

(5)预拌混凝土(商品混凝土)出厂合格证;

(6)防水混凝土的配合比申请单、通知单;

(7)防水混凝土抗渗试验报告;

(8)有特殊要求混凝土的专项试验报告。

3.3.11 注意事项

3.3.11.1 混凝土要做试配,不得采用经验配合比;

3.3.11.2 混凝土配合比应为重量比,不得按体积比;

3.3.11.3 要按规定留置混凝土试件,标养 28d 试件不允许少留、漏留;

3.3.11.4 作为评定混凝土强度的试件,必须是标准养护 28d 的试件;

3.3.11.5 现场标养试件要有测温、湿度记录,同条件养护试件应有测温记录;

3.3.11.6 试件取样要具有代表性,不得"开小灶";

3.3.11.7 试件制作应符合要求,并做制作记录;

3.3.11.8 试件上要写明制作日期、强度等级和代表工程部位,以免造成混乱;

3.3.11.9 非标准试件应进行折算,每组试件的代表值取值要符合要求;

3.3.11.10 预拌(商品)混凝土不仅要有出厂合格证明,而且要在现场浇注地点取标养 28d 试件,做为强度评定依据;

3.3.11.11 防水混凝土既要有强度试验报告,又要有抗渗试验报告;

3.3.11.12 混凝土试验资料要与现场实物物证相符;

3.3.11.13 混凝土强度要按单位工程进行汇总、统计、评定;

3.3.11.14 混凝土标养试件抗压强度评定不合格,应及时做检测和处理;

3.3.11.15 混凝土试验资料应交圈,并与其他施工技术资料对应一致,相关技术资料有:

(1)原材料、半成品、成品出厂质量证明和试(检)验报告;

(2)施工记录;

(3)施工日志;

(4)预检记录;

(5)隐检记录;

(6)基础、结构验收记录;

(7)施工组织设计和技术交底;

(8)工程质量检验评定;

(9)设计变更、洽商记录;

(10)竣工图。

3.3.11.16 影响混凝土强度的因果图,见图 3-1。

3.3.12 示例

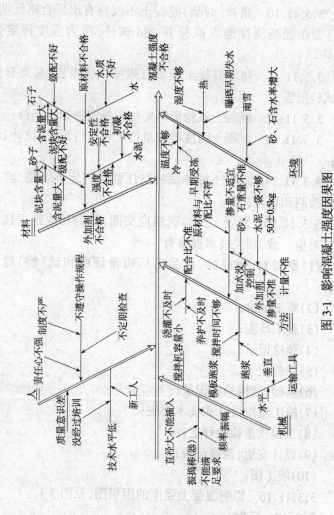

图 3-1 影响混凝土强度因果图

混凝土配合比申请单   表 3-24

混凝土配合比申请单 表 C6-10		编 号	单位编号:27002
		委托编号	2003 00176
工程名称及部位	×××回迁区4号楼梁板楼梯		
委托单位	×××	试验委托人	×××
设计强度等级	C25	要求坍落度、扩展度	30～50mm
其他技术要求			
搅拌方法	机械	浇捣方法 振捣	养护方法 标养
水泥品种及强度等级	P.O 32.5	厂别牌号 玉田县玉螺水泥有限公司玉螺	试验编号 2003—0039
砂产地及种类	昌平 中砂		试验编号 2003—0045
石子产地及种类	昌平 碎石	最大粒径 40mm	试验编号 2003—0044
外加剂名称			试验编号
掺合料名称			试验编号
申请日期	2003.04.02	使用日期	联系电话

混凝土配合比通知单   表 3-25

混凝土配合比通知单 表 C6-10			配合比编号	2003—0117			
			试配编号	2003—0016			
强度等级	C25	水胶比 0.000	水灰比 0.480	砂率	38%		
材料名称 项目	水泥	水	砂	石	外加剂	掺合料	其他
每 m³ 用量 (kg/m³)	385	185	703	1147			
每盘用量(kg)	1	0.48	1.83	2.98			
混凝土碱含量 (kg/m³)	注:此栏只有遇Ⅱ类工程(按京建科[1999]230号规定分类)时填写						
说明:本配合比所使用材料均为干材料,使用单位应根据材料含水情况随时调整。							
批 准		审 核			试 验		
×××		×××			×××		
报告日期		2003年4月9日					

本表由施工单位保存。

混凝土抗压强度试验报告 表 3-26

混凝土抗压强度试验报告 表 C6-11				编 号		单位编号:27008	
				试验编号		2003 01490	
				委托编号		2003—03508	
工程名称及部位	×××回迁区1号楼基础垫层			试件编号		01	
委托单位	×××			试验委托人		×××	
设计强度等级	C15			实测坍落度、扩展度		170mm	
水泥品种及强度等级	P.S 32.5			试验编号		2003—0150	
砂种类	中砂			试验编号		2003—0126	
石种类、公称直径	碎石 25mm			试验编号		2003—0131	
外加剂名称	TX-4 泵送剂			试验编号		2003—0004	
掺合料名称				试验编号			
配合比编号	2003—0235						
成型日期	2003.06.24	要求龄期		28(d)		要求试验日期	2003.07.22
养护方法	标准养护28d	收到日期		2003.07.22		试块制作人	××
试验结果	试验日期	实际龄期(d)	试件边长(mm)	受压面积(mm²)	荷载(kN) 单块值 / 平均值	平均抗压强度(MPa)	折合150mm立方体抗压强度(MPa)	达到设计强度等级(%)
	2003.07.22	28	150	22500	420 / 360 / 395 — 392	17.4	17.4	116
结论:								
批 准	×××	审 核		×××		试 验	×××
试验单位	×××						
报告日期	2003年7月22日						

本表由建设单位、施工单位各保存一份。

混凝土试块强度统计、评定记录　　表 3-27

混凝土试块强度统计、评定记录 表 C6-12						编　号		20001	
工程名称		×××宿舍楼				强度等级		C20	
施工单位		×××				养护方法		标养	
统 计 期		2003年3月10日至 2003年9月15日				结构部位		主体	
试块组数 n	强度标准值 $f_{cu,k}$(MPa)	平均值 $m_{f_{cu}}$(MPa)		标准差 $S_{f_{cu}}$(MPa)		最小值 $f_{cu,min}$(MPa)	合格判定系数		
							λ_1		λ_2
15	20	26.1		3.00		20.4	1.65		0.85
每组强度值（MPa）	20.4	25.3	24.1	32.0	25.6	26.1	25.2	21.5	25.2	27.6
	25.9	26.1	30.7	28.4	27.6					

评定界限	□统计方法（二）			□非统计方法	
	$0.90 f_{cu,k}$	$m_{f_{cu}} - \lambda_1 \times S_{f_{cu}}$	$\lambda_2 \times f_{cu,k}$	$1.15 f_{cu,k}$	$0.95 f_{cu,k}$
	18	21.2	17		
判定式	$m_{f_{cu}} - \lambda_1 \times S_{f_{cu}} \geq 0.90 f_{cu,k}$		$f_{cu,min} \geq \lambda_2 \times f_{cu,k}$	$m_{f_{cu}} \geq 1.15 f_{cu,k}$	$f_{cu,min} \geq 0.95 f_{cu,k}$
结果	21.2 > 18		20.4 > 17		
结论：根据 GBJ107—87，该×××宿舍楼主体混凝土试块强度评定合格。					

批　准	审　核	统　计
×××	×××	×××
报告日期		2003.9.16

本表由建设单位、施工单位、城建档案馆各保存一份。

3.4 钢筋接头(连接)试验

3.4.1 钢筋接头(连接)方式、类型
3.4.1.1 有机械连接和焊接两种方式。
3.4.1.2 焊接一般有：
(1)电阻点焊；
(2)闪光对焊；
(3)电弧焊:焊接类型可分帮条焊、搭接焊、熔槽帮条焊、坡口焊、钢筋与钢板搭接焊、预埋件钢筋T形接头电弧焊、水平窄间隙焊(不能用于竖直钢筋)；
(4)电渣压力焊；
(5)气压焊；
(6)预埋件埋弧压力焊。
3.4.1.3 机械连接一般有:(常用)
(1)锥螺纹接头；
(2)套筒挤压接头。

3.4.2 钢筋连接试验管理方面的要求
(1)钢筋在进行连接前必须按规定进行钢筋原材试验；
(2)不同等级、不同国家生产的钢筋进行焊接时应进行可焊性试验；
(3)原材试验合格、班前焊或工艺检验试验合格后方可进行焊接或机械连接；
(4)集中加工的,加工单位应提供焊接试验报告。

3.4.3 焊接钢筋试件的取样方法和数量
焊接钢筋试验的试件应分班前焊试件和班中焊试件；班前焊试件是用于焊接参数的确定和可焊性能的检测。班中焊

试件是用于对成品质量的检验。

3.4.3.1 班前焊试件:在正式焊接施工前按同一焊工、同批钢筋、同焊接形式取模拟试件一组,试件数量和试验项目与班中焊试件相同。

3.4.3.2 班中焊试件:

(1)电阻点焊:

1)焊接骨架:

(A)凡钢筋级别、直径及尺寸相同的焊接骨架为同一类型制品。每200件为一批,一周内不足200件的亦按一批计算。

(B)热轧钢筋点焊每批取一组试件(3个)做抗剪试验。

(C)冷拔低碳钢丝点焊每批取试件一组(6个)除做抗剪试验外,还应对较小钢丝作拉伸试验,试件各为3个。

(D)由几种钢筋直径组合的焊接制品,应对每种组合均作力学性能检验。

(E)取样方法:

试件应从外观检查合格的成品中切取,当切取试件的尺寸小于规定的试件尺寸或受力钢筋直径大于8mm时,可在生产过程中焊接试验网片见图3-2(a),从中切取试件,抗剪试件纵筋长度应大于或等于290mm,横筋长度应大于或等于50mm(图3-2b)拉伸试件纵筋长度应大于或等于300mm(图3-2c)。

2)焊接网:

(A)凡钢筋级别、直径及尺寸相同的焊接网视为同一类型制品,每批不应大于30t,或者每200件为一批,一周内不足30t或200件,亦按一批计算;

(B)力学、弯曲性能试件应从成品中切取;

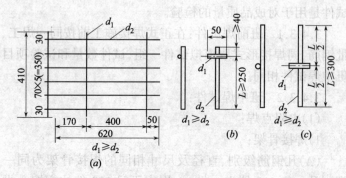

图 3-2 焊接试验网片与试件
(a)焊接网片试验简图;(b)钢筋焊点抗剪试件;(c)钢筋焊点拉伸试件

(C)热轧钢筋、冷轧带肋钢筋或冷拔低碳钢丝的焊点应取抗剪试件 3 个,抗剪试件应沿同一横向钢筋随机切取,其受拉钢筋为纵向钢筋;对于双根钢筋,非受拉钢筋应在焊点外切断,且不应损伤受拉钢筋焊点,试样如图 3-3 所示。

(D)冷轧带肋钢筋或冷拔低碳钢丝的焊点应取拉伸试件 2 个(纵向钢筋 1 个,横向钢筋 1 个),试件长度应足够,以保证夹具之间距离不应小于 20 倍试件直径且不短于 180mm(试样如图 3-4)。

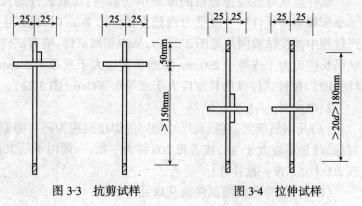

图 3-3 抗剪试样　　　　图 3-4 拉伸试样

(E)冷轧带肋钢筋焊点应取弯曲试件2个(纵向钢筋1个,横向钢筋1个),试件长度应大于或等于200mm,受弯部位与交叉点的距离应大于或等于25mm。

(2)钢筋闪光对焊接头:

1)同一台班内,由同一焊工完成的300个同级别、同直径钢筋焊接接头作为一批。若同一台班内焊接的接头数量较少,可在一周内累计计算。若累计仍不足300个接头,则仍按一批计算;

2)每一批取试件一组(6个)3个拉力试件、3个弯曲试件;

3)螺栓端杆接头可只做拉伸试验;

4)取样方法:

(A)试件应从成品中切取;

(B)焊接等长的预应力钢筋(包括螺栓端杆与钢筋),可按生产条件制作模拟试件;

(C)模拟试件的检验结果不符合要求时,复验应从成品中切取试件,其数量和要求与初始试验时相同。

(3)钢筋电弧焊接头:

1)在工厂焊接条件下,同接头形式、同钢筋级别每300个接头为一批。

2)在现场安装条件下,每一至二楼层中同接头型式、同钢筋级别位置,每300个接头为一批,不足300个时,仍作为一批。

3)每批取样一组(3个试件)做拉力试验。

4)取样方法:

(A)在一般构筑物中,试件应从成品中切取,每批随机抽取3个接头进行拉力试验。

(B)对于装配式结构节点的钢筋焊接接头,应按现场最不利的生产条件制作模拟试件。

(4)钢筋电渣压力焊:

1)在一般构筑物中,每 300 个同钢筋级别的钢筋接头作为一批。

2)在现浇钢筋混凝土多层结构中每一楼层或每施工区段,同钢筋级别的 300 个接头为一批,不足 300 个仍作为一批。

3)每批取试件一组(3 个试件)做拉力试验。

4)取样方法:

试件应从每批接头中随机切取。

(5)钢筋气压焊:

1)班前焊试件每批钢筋($\leqslant 60t$)焊接 6 根接头(外观检查合格)3 根作拉力试验,3 根做弯曲试验。

2)班中焊:在一般构筑物中,同类型接头每 300 个接头为一批。

3)在现浇钢筋混凝土房屋结构中,同一楼层中应以 300 个接头作为一批;不足 300 个接头仍应作为一批。

4)每批取试件一组(3 个试件)做拉伸试验;在梁、板的水平钢筋焊接中应另取 3 个接头做弯曲试验。

5)取样方法:

(A)试件应从每批接头中随机切取;

(B)拉力试件的受试长度 L_s 应等于钢筋公称直径的 8 倍;夹持长度 L_j 根据钢筋直径大小确定,一般应大于或等于 100mm,见图 3-5;

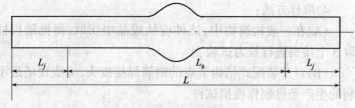

图 3-5 拉力试件

(C)弯曲试件长度应不小于表3-28中规定。

弯曲试件长度　　　　　表3-28

钢筋直径(mm)	16	18	20	22	25	28	32	36	40
试件长度(mm)	250	270	280	290	310	360	390	420	450

(6)预埋件T形接头埋弧压力焊：

1)以300件同类型预埋件作为一批。一周内连续焊接时,可以累计计算。不足300件时,仍作为一批。

2)每批取试件一组(3个试件)作拉力试验。

3)取样方法：

(A)试件应从每批成品中切取；

(B)试件的钢筋长度应大于或等于200mm,钢板的长度和宽度均应大于或等于60mm(图3-6)。

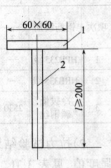

图3-6 预埋件T形接头拉伸试件
1—钢板；2—钢筋

3.4.4 焊接钢筋必试项目

必试项目,见表3-29。

必试项目　　　　　表3-29

焊接种类		必试项目
点 焊	焊接骨架	抗剪试验、抗拉试验
	焊接网	抗剪试验、抗拉试验、弯曲试验
闪光对焊		抗拉试验、弯曲试验
电弧焊		抗拉试验
电渣压力焊		抗拉试验
气 压 焊		抗拉试验,梁、板另加弯曲试验
预埋件钢筋T形接头		抗拉试验

3.4.5 焊接钢筋试验结果的评定
3.4.5.1 点焊
(1)焊接骨架:
1)抗剪试验结果应符合表 3-30 中规定的数值。

焊接骨架焊点抗剪力指标(N)　　　　表 3-30

项次	钢筋级别	较小一根钢筋直径(mm)								
		3	4	5	6	6.5	8	10	12	14
1	HPB235 级	—	—	—	6640	7800	11810	18460	26580	36170
2	HRB335 级						16840	26310	37890	51560
3	冷拔低碳钢丝	2530	4490	7020						

2)拉力试验结果应不低于冷拔低碳钢丝乙级规定的抗拉强度值,见表 3-31。

冷拔低碳钢丝的力学性能　　　　表 3-31

项次	钢丝级别	直径(mm)	抗拉强度(MPa)		伸长率(%)	反复弯曲180°(次数)
			Ⅰ组	Ⅱ组		
			不　小　于			
1	甲级	5	650	600	3.0	4
		4	700	650	2.5	
2	乙级	3~5	550		2.0	4

3)试验结果,当有一个试件达不到上述要求,应取 6 个抗剪试件或 6 个拉力试件对该试验项目进行复试,复试结果若仍有一个试件不能达到上述要求,则该批制品即为不合格品。对于不合格品,经采取补强处理后,可提交二次验收。

(2)钢筋焊接网:
1)钢筋焊接网的抗剪试验结果 3 个试件抗剪力的平均值

应符合下式的规定：

$$F \geqslant 0.3 \times A_0 \times \sigma_s$$

式中　F——抗剪力(N)；

　　　A_0——较大钢筋横截面积(mm²)；

　　　σ_s——该级别钢筋(丝)规定的屈服强度(N/mm²)。

注：1. 冷拔低碳钢丝的屈服强度按 0.65×550 N/mm² 计算取 360N/mm²。

　　2. 冷轧带肋钢筋的屈服强度按 LL550 级钢筋的屈服强度 500 N/mm²计算。

2）拉力试验结果不得小于 LL550 级冷轧带肋钢筋规定的抗拉强度值或冷拔低碳钢丝乙级规定的抗拉强度。

3）弯曲试验,弯曲至 180°时,其外侧不得出现横向裂纹。

4）当焊接网的拉力试验、弯曲试验结果不合格时,应从该批焊接网中再切取双倍数量试件进行不合格项目的试验,复验结果合格时,应确认该焊接网为合格品。

5）焊接网的抗剪试验结果按平均值计算,当不合格时应在同样的同一个横向钢筋上所有交叉焊点取样检查,当全部试件平均值合格时,应确认该批焊接网为合格品。

3.4.5.2　钢筋闪光对焊接头

(1)拉力试验(抗拉强度)。

1)3 个热轧钢筋接头试件的抗拉强度均不得小于该级别钢筋规定的抗拉强度,余热处理 KL400 级钢筋接头试件的抗拉强度均不得小于热轧 HRB400 级钢筋规定的抗拉强度 570MPa。

2)应至少有 2 个试件断于焊缝之外,并呈延性断裂。

当检验结果有 1 个试件的抗拉强度小于上述规定值,或有 2 个试件在焊缝或热影响区($0.7d$)发生脆性断裂时,应取 6 个试件进行复验。复验结果,当仍有 1 个试件的抗拉强度小于规定值时,或有 3 个试件断于焊缝或热影响区,呈脆性断裂,则该批接头即为不合格品。

3)预应力钢筋与螺栓端杆闪光对焊接头拉伸试验,3 个试件应全部断于焊缝之外,呈延性断裂。

当检验结果有 1 个试件在焊缝或热影响区内发生脆性断裂时,应从成品中切取 3 个试件进行复验。复验结果当仍有 1 个试件在焊缝或热影响区发生脆性断裂时,该批接头为不合格品。

(2)模拟试件的试验结果不符合要求时应从成品中再切取试件进行复验,其数量和要求应与初始试验相同。

(3)弯曲试验

1)弯曲至 90°,至少有 2 个试件不得发生破断。

2)当试验结果有 2 个试件发生破断时,应再取 6 个试件进行复验。复验结果当仍有 3 个试件发生破断,应确认该批接头即为不合格品。

3.4.5.3 钢筋电弧焊接头

(1)3 个热轧钢筋接头试件的抗拉强度均不得小于该级别钢筋规定的抗拉强度,余热处理Ⅲ级钢筋接头试件的抗拉强度均不得小于热轧Ⅲ级钢筋规定的抗拉强度 570MPa。

(2)3 个接头试件均应断于焊缝之外,并应至少有 2 个试件呈延性断裂。

当检验结果有 1 个试件的抗拉强度小于规定值或有 1 个试件断于焊缝,或有 2 个试件发生脆性断裂时,应再取 6 个试件进行复验。复验结果当仍有 1 个试件的抗拉强度小于规定值或有 1 个试件断于焊缝,或有 3 个试件呈脆性断裂时应确认该批接头为不合格品。

3.4.5.4 钢筋电渣压力焊接头

(1)3 个试件均不得小于该级别钢筋规定的抗拉强度。

(2)当有 1 个试件的抗拉强度低于规定的值,应取 6 个试件进行复验。复验结果,当仍有1个试件的抗拉强度低于规定值,应确认该批接头为不合格品。

3.4.5.5　钢筋气压焊接头

(1)拉力试验:

1)3个试件的抗拉强度均不得小于该级别钢筋规定的抗拉强度,并断于压焊面之外、呈延性断裂。

2)当有1个试件不符合要求时,应切取6个试件进行复验;复验结果,当仍有1个试件不符合要求,应确认该批接头为不合格品。

(2)弯曲试验:

1)3个试件均不得在压焊面发生破断。

2)当试验结果有1个试件不符合要求,应再取6个试件进行复验。复验结果,当仍有1个试件不符合要求,应确认该批接头为不合格品。

3.4.5.6　预埋件钢筋T形接头

(1)3个试件拉力试验结果,其抗拉强度应符合下列要求:

1)HPB235级钢筋接头均不得小于350MPa。

2)HRB335级钢筋接头均不得小于490MPa。

(2)当试验结果有1个试件的抗拉强度小于规定值时,应再取6个试件进行复验。复验结果,当仍有1个试件的抗拉强度小于规定指标时,应确认该批接头为不合格品。对于不合格品采取补强度焊接后,可提交二次验收。

3.4.6　钢筋机械连接接头的性能等级

接头应根据静力单向拉伸性能以及高应力和大变形条件下反复拉、压性能的差异,分下列3个性能等级。

A级:接头抗拉强度达到或超过母材抗拉强度标准值(f_{tk}),并具有高延性和反复拉压性能。

B级:接头抗拉强度达到或超过母材屈服强度标准值

(f_{yk})的1.35倍,并具有一定延性及反复拉压性能。

C级:接头仅能承受压力。

3.4.7 钢筋机械连接接头的检验形式

3.4.7.1 接头的检验形式有三种。

(1)型式检验:应由国家省部级主管部门认可的检测机构进行。

(2)工艺检验:目的是检验接头技术提供单位所确定的工艺参数是否与本工程中的进场钢筋相适应。施工单位应在钢筋连接工程开始前及施工过程中对每批钢筋进行接头工艺检验。

(3)现场检验:也叫施工检验,是由施工单位检验部门在施工现场进行的抽样检验(按验收批进行)。

3.4.8 钢筋机械连接的取样方法和数量

3.4.8.1 工艺检验

(1)在正式施工前,按同批钢筋、同种机械连接形式的接头试件不少于3根做抗拉强度试验。

(2)同时对应截取接头试件的钢筋母材,进行抗拉强度试验。(1根)

3.4.8.2 现场检验

(1)接头的现场检验按验收批进行。

(2)同一施工条件下,采用同一批材料的同等级、同型式、同规格接头,以500个为一验收批,不足500个也作为一验收批。

(3)每一验收批,必须在工程结构中随机截取3个试件作抗拉强度试验。

(4)在现场连续检验10个验收批,全部抗拉强度试件一次抽样均合格时,验收批接头数量可扩大一倍。

(5)在结构工程中一定要随机截取接头试件。

3.4.9 钢筋机械连接工艺检验和现场检验必试项目及试验方法

3.4.9.1 必试项目:抗拉强度。

3.4.9.2 试验方法:

(1)试件的抗拉强度试验方法见钢材物理试验的有关章节。

(2)工艺检验中母材钢筋的横截面积应用称重法按钢筋实际横截面面积计算。

$$A = \frac{m}{l \times \rho}$$

式中　A——钢筋面积(mm^2);

　　　m——钢筋试件的质量(g);

　　　ρ——钢筋的密度(g/cm^3),取 $7.85g/cm^3$;

　　　l——钢筋试件的长度(mm)。

(3)施工检验中试件抗拉强度按钢筋的公称面积计算。

3.4.10 钢筋机械连接试验结果的计算和评定

3.4.10.1 抗拉强度的计算方法、公式、修约见钢材物理试验。

3.4.10.2 结果评定

(1)工艺检验:

1)3根接头试件的抗拉强度均应达到和超过母材该级别抗拉强度标准值。

2)对于 A 级接头,试件抗拉强度尚应大于等于 0.9 倍钢筋母材的实际抗拉强度。

3)当检验结果有一根未满足上述任何一项要求时,应取双倍数量的试件(接头试件、母材试件)进行复验,复验结果如仍有 1 根未达到上述的任何一项要求时,则工艺检验不合格。

(2)施工检验

1)当3个试件的抗拉强度试验均符合表 3-32 的要求《钢筋

机械连接通用技术规程》(JGJ107—2003)时,该验收批评为合格。

接头性能检验指标　　　　　　表 3-32

等　　级	A 级	B 级	C 级
强　　度	$f_{mst}^0 \geq f_{tk}$	$f_{mst}^0 \geq 1.35 f_{yk}$	$f_{mst}^{0'} \geq f'_{yk}$

注:f_{mst}^0——机械连接接头的抗拉强度实测值(N/mm²);
　　f_{tk}——钢筋抗拉强度的标准值(N/mm²);
　　$f_{mst}^{0'}$——机械连接接头的抗压强度实测值(N/mm²);
　　f'_{yk}——钢筋抗压屈服强度实测值(N/mm²);
　　f_{yk}——钢筋抗压屈服强度标准值(N/mm²)。

2)如有 1 个强度不符合要求,应再取 6 个试件进行复验。复验中如仍有 1 个试件试验结果不符合要求,则该验收批评为不合格。

3)钢筋机械接头的破坏形态有三种:

(A)钢筋母材拉断;

(B)连接件拉断;

(C)钢筋从连接件中滑脱。

但只要满足表 3-32 的要求,任何破坏形式均可判为合格。

3.4.11　资料整理

钢材连(焊)接试验资料有:

(1)钢材连(焊)接试验报告。

(2)钢结构焊接、焊裂超声波或 X 射线探伤检验报告。

(3)钢材连(焊)接试验(检)报告应装订在一起,按时间顺序编写并要有子目录,与其他施工试验资料装订成一册。

3.4.12　常见问题

(1)缺少班前模拟试件焊接(工艺检验)试验报告。

(2)进口钢筋、小厂钢筋及预制阳台、外挂板、外留筋焊接的钢筋未按同品种、同规格和同批量做可焊性试验。

(3)Ⅲ级钢筋采用搭接电弧焊。

(4)焊接试验项目不全,钢筋气压焊不做冷弯试验,电阻点焊不做抗剪试验。

(5)每组试件只取 2 根。

(6)焊接报告中,无断口判定。

(7)焊接试验不合格,未取双倍试件复试。

3.4.13 示例

钢筋连接试验报告　　　　表 3-33

钢筋连接试验报告 表 C6-6			编　号	单位编号:04092		
			试验编号	2003　0460		
			委托编号	2003　04359		
工程名称及部位	×××小区 5 号商住楼一段三层框架柱		试件编号	36		
委托单位	×××		试验委托人	×××		
接头类型	电渣压力焊		检验形式	现场检验		
设计要求接头性能等级			代表数量	300 件		
连接钢筋种类及牌号	热轧带肋	公称直径	25(mm)	原材试验编号	2003　47	
操作人	××	来样日期	2003.09.02	试验日期	2003.09.02	

接头试件			母材试件		弯曲试件			备注
公称面积 (mm²)	抗拉强度 (MPa)	断裂特征及位置	实测面积 (mm²)	抗拉强度 (MPa)	弯心直径	角度	结果	
490.9	560	塑断	30					
490.9	560	塑断	30					
490.9	550	塑断	40					

结论:依据 JGJ18—96 标准,符合电渣压力焊要求

批　准	×××	审　核	×××	试　验	×××
试验单位	×××				
报告日期	2003 年 9 月 2 日				

本表由建设单位、施工单位、城建档案馆各保存一份。

4 施工现场应具备仪器

4.1 试 模

4.1.1 混凝土试模及数量(单位:mm)
抗压:长×宽×高　　　至少×组
$150 \times 150 \times 150$　　　至少4组
$100 \times 100 \times 100$　　　至少4组
　　　顶面×底面×高
抗渗:$\phi 175 \times \phi 185 \times 150$　　　至少2组

4.1.2 砂浆试模(单位:mm)
抗压:$70.7 \times 70.7 \times 70.7$　　　至少4组

4.2 环刀(单位:mm)

体积:直径×高
$100 cm^3$　　$\phi 80 \times 20$　　至少5个
$60 cm^3$　　$\phi 62 \times 20$

4.3 坍 落 度 筒

上口直径100mm,下口直径200mm,筒高300mm,上部左右有提手,下部有踏脚板,捣棒直径16mm,长600mm,头部半球形。

4.4 砂浆稠度仪

SC—145 砂浆稠度仪 1 台

4.5 天 平

称量 500g 感量 0.1g
称量 200g 感量 0.01g 各 1 台

天平的检定:天平每年应送技术监督局检定 1 次,超过检定期后,所做试验无效,并应建立天平的检定台账。

4.6 其 他

削土刀、铝盒、刷子若干。

5 施工现场标养室

5.1 标养室的建立

为了满足施工现场试块的标准养护条件(温度 $20\pm2℃$，湿度 $\geqslant 95\%$)，需要建立施工现场标养室。夏季采用喷水降温，若不能满足温度要求，可考虑安装空调降温。冬季采用电加热管加热以满足要求。

5.2 条件及设备

5.2.1 条件

利用室内或室外的墙角修建，内墙(靠原墙部分)厚120mm，外墙厚240mm，可用普通砖，也可用加气块砌筑。顶可用加气板、圆孔板等，室内抹两道防水砂浆，室外抹两道保温砂浆，地面抹防水砂浆，顺坡至地漏处。

门框及门边均为斜边，门内填保温材料，外包镀锌薄钢板，涂防锈漆。

5.2.2 设备

加热管 1kW，温度计、湿度计各一支。
温度控制仪(SWMSZ 型温湿度自动控制器)安装在室外。
喷雾头：农用喷雾器喷头。
试块架：用角钢焊制，中间用扁钢或钢筋头焊成箅子或直接砌在墙上。

水源:阀门控制要安装在室外。

工地可根据需要决定养护室的面积和室内布置。电加热管、电磁阀和温度控制仪连接见图5-1。

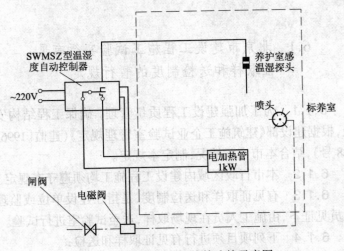

图5-1 温控仪和电加热管连接示意图

5.3 标养室测温测湿记录

每天有专人测试并作记录,发现温湿度与标准要求不符时,要作记录并及时修理并解决。

6 有见证取样和送检制度

6.1 北京市建设工程施工试验实行有见证取样和送检制度的暂行规定

6.1.1 为了加强建设工程质量管理,确保工程结构安全,根据建设部《建筑施工企业试验室管理规定》(建监[1996]488号),结合本市实际情况,制定本规定。

6.1.2 本市行政区域内建设工程施工均须遵守本规定。

6.1.3 有见证取样和送检制度,是指在建设单位或监理人员见证下,由施工人员在现场取样,送至试验室进行试验。

6.1.4 下列项目须进行有见证取样和送检:

6.1.4.1 用于承重结构的混凝土试块;

6.1.4.2 用于承重墙体的砌筑砂浆试块;

6.1.4.3 用于结构工程中的主要受力钢筋;

6.1.4.4 地下、屋面、厕浴间使用的防水材料。

6.1.5 单位工程有见证取样和送检次数不得少于试验总次数的10%,试验总次数在20次以下的不得少于2次;重要工程或工程的重要部位可以增加有见证取样的送检次数。送检试样在现场施工试验中随机抽取,不得另外进行。

6.1.6 单位工程施工前,项目施工负责人应按照有关规定与建设(监理)单位共同制定有见证取样和送检计划,并确定承担有见证试验的试验室。当双方达不成一致意见时,由承监工程的质量监督机构协调决定。

6.1.7 每个单位工程须设定 1～2 名取样和送检见证人,见证人由施工现场监理人员担任,或由建设单位委派具备一定施工试验知识的专业技术人员担任。施工和材料、设备供应单位等人员不得担任。

见证人设定后,须向承监该工程的质量监督机构和承担有见证试验的试验室备案(见附件一)。见证人更换须办理变更备案手续。见证人和送检单位对送检试样的真实性和合法性负法定责任。

6.1.8 承担有见证试验的试验室,应在有资格承担对外试验业务的试验室或法定检测单位中选定,并向承监工程的质量监督机构备案。承担该项目施工的施工企业试验室不得承担该试验业务。

每个单位工程只能选定一个承担有见证试验的试验室。

6.1.9 施工过程中,见证人应按照有见证取样和送检计划,对施工现场的取样和送检进行见证,并在试样或其包装上作出标识、封志。标识和封志应标明样品名称、样品数量、工程名称、取样部位、取样日期。并有取样人和见证人签字。见证人应制作见证记录(见附件二)。见证记录应列入工程施工技术档案。

6.1.10 承担有见证试验的试验室,在检查确认委托试验文件和试样上的见证标识、封志无误后方可进行试验,否则应拒绝试验。

6.1.11 有见证取样、送检项目的试验报告应加盖"有见证试验"专用章,由施工单位汇总后(见附件三),与其他施工资料一起纳入工程施工技术档案,作为评定工程质量的依据。

6.1.12 有见证取样和送检的试验结果达不到规定标准,试验室应向承监工程的质量监督机构报告。当试验不合格按有关规定允许加倍取样复试时,加倍取样、送检与复试也应按本规定实施。

6.1.13 有见证取样和送检的各种试验项目,凡未按规定送试、送试次数达不到要求,其工程质量应由法定检测单位进行检测确定,其检测费用由责任方承担。

6.1.14 各种有见证取样和送检试验资料必须真实、完整,符合试验管理规定。对伪造、涂改、抽换或丢失试验资料的行为,应对责任单位和责任人依法追究责任。

6.1.15 本规定由北京市建设工程质量监督总站负责解释。

6.1.16 本规定自1997年6月1日起施行。

6.2 关于印发《北京市建设工程施工试验实行有见证取样和送检制度的暂行规定》的补充通知

为了进一步加强工程质量管理,提高工程质量水平,保证建筑材料的检验质量。根据市建委京建质[1997]523号文的要求,现就《北京市建设工程施工试验实行有见证取样和送检制度的暂行规定》(以下简称《暂行规定》)作如下补充通知:

6.2.1 实行有见证取样和送检的项目除执行《暂行规定》第四条的规定外,增加混凝土外加剂中的早强剂和防冻剂两个项目。

6.2.2 单位工程有见证取样和送检次数由原来不得少于试验总次数的10%增加到不得少于试验总次数的30%;试验总次数在10次以下的不得少于2次。

6.2.3 见证人员应经市建委统一培训考试合格并取得"见证人员岗位资格证书"后,方可上岗任职(取得国家和北京市监理工程师资格证书者免考)。

6.2.4 本通知自发布之日起实施,考虑到见证人员培训过程,"见证人员岗位资格证书"制度从1998年7月1日起执行。

附件一

有见证取样和送检见证人备案书

_____质量监督站:
_____试验室:
我单位决定,由_____同志担任
_____工程有见证取样和送检见证人。有关的印章和签字如下,请查收备案:

有见证取样和送检印章	见证人签字

建设单位名称(盖章):　　　　　　　　　　年　月　日

监理单位名称(盖章):　　　　　　　　　　年　月　日

施工项目负责人签字:　　　　　　　　　　年　月　日

附件二

见 证 记 录

编号：_____

工程名称：_____
取样部位：_____
样品名称：_____
取样数量_____
取样地点：_____
取样日期_____
见证记录：

有见证取样和送检印章：_____
取样人签字：_____
见证人签字：_____

填制本记录日期：

附件三

有见证试验汇总表

工程名称：_____
施工单位：_____
建设单位：_____
监理单位：_____
见证人：_____
试验室名称：_____

试验项目	应送试总次数	有见证试验次数	不合格次数	备 注

施工单位：　　　　　　　　　　　　制表人：
注：此表由施工单位汇总填写。

附录 施工现场所需各种表格

附录1 试验报告单、记录、台账

表 C4-9 钢材试验报告
表 C4-10 水泥试验报告
表 C4-11 砂试验报告
表 C4-12 碎(卵)石试验报告
表 C4-13 混凝土外加剂试验报告
表 C4-14 混凝土掺合料试验报告
表 C4-15 防水涂料试验报告
表 C4-16 防水卷材试验报告
表 C4-17 砖(砌块)试验报告
表 C4-18 轻骨料试验报告
表 C5-10 混凝土开盘鉴定
表 C6-4 土工击实试验报告
表 C6-5 回填土试验报告
表 C6-6 钢筋连接试验报告
表 C6-7 砂浆配合比申请单、砂浆配合比通知单
表 C6-8 砂浆抗压强度试验报告
表 C6-9 砌筑砂浆试块强度统计、评定记录
表 C6-10 混凝土配合比申请单、混凝土配合比通知单
表 C6-11 混凝土抗压强度试验报告
表 C6-12 混凝土试块强度统计、评定记录
表 C6-13 混凝土抗渗试验报告
B18 标准养护室温湿度记录
B19 设备率定台账

B20 原材料(焊件)来样委托台账
B22 申请配合比委托台账
附录2:单位工程原材料试验登记台账
表1:水泥试验登记台账
表2:钢筋试验登记台账
表3:砖(砌块)试验登记台账
表4:砂子、石子、防水卷材、防水涂料、试验登记台账
附录3 单位工程施工试验登记台账
表1:混凝土、砂浆试验登记台账
表2:钢材连接试验登记台账
附录4 各种试验必试项目和取样方法及数量

附录1 试验报告单、记录、台账

钢材试验报告
表 C4-9

编　号	
试验编号	
委托编号	

工程名称		试件编号	
委托单位		试验委托人	
钢材种类		规格或牌号		生产厂	
代表数量		来样日期		试验日期	
公称直径（厚度）		mm	公称面积		mm²

试验结果	力　学　性　能					弯曲性能		
	屈服点（MPa）	抗拉强度（MPa）	伸长率 %	$\sigma_{b实}/\sigma_{s实}$	$\sigma_{s实}/\sigma_{s标}$	弯心直径	角度	结果
	化　学　分　析						其他:	
	分析编号	化　学　成　分(%)						
		C	Si	Mn	P	S	Ceq	

结论:

批　准		审　核		试　验	
试验单位					
报告日期					

本表由试验单位提供,建设单位、施工单位、城建档案馆各保存一份。

水泥试验报告

表 C4-10

编 号	
试验编号	
委托编号	

工程名称		试样编号	
委托单位		试验委托人	
品种及强度等级		出厂编号及日期		厂别牌号	
代表数量(t)		来样日期		试验日期	

试验结果	一、细度	1. 80μm方孔筛余量				%		
		2. 比表面积				m²/kg		
	二、标准稠度用水量(P)					%		
	三、凝结时间	初凝		h min	终凝		h min	
	四、安定性	雷氏法		mm	饼法			
	五、其他							
	六、强度(MPa)							
		抗折强度				抗压强度		
		3d		28d		3d		28d	
		单块值	平均值	单块值	平均值	单块值	平均值	单块值	平均值

结论:

批 准		审 核		试 验	
试验单位					
报告日期					

本表由试验单位提供,建设单位、施工单位、城建档案馆各保存一份。

砂试验报告

表 C4-11

编　　号	
试验编号	
委托编号	

工程名称		试样编号	
委托单位		试验委托人	
种　　类		产　　地	
代表数量		来样日期		试验日期	

试验结果	一、筛分析	1. 细度模数(μf)	
		2. 级配区域	区
	二、含泥量		%
	三、泥块含量		%
	四、表观密度		kg/m³
	五、堆积密度		kg/m³
	六、碱活性指标		
	七、其他		

结论：

批　准		审　核		试　验	
试验单位					
报告日期					

本表由试验单位提供，建设单位、施工单位、城建档案馆各保存一份。

碎(卵)石试验报告

表 C4-12

编　号	
试验编号	
委托编号	

工程名称		试样编号	
委托单位		试验委托人	
种类、产地		公称粒径	mm
代表数量		来样日期		试验日期	

试验结果			
一、筛分析	级配情况	□连续粒级　□单粒级	
	级配结果		
	最大粒级		mm
二、含泥量			%
三、泥块含量			%
四、针、片状颗粒含量			%
五、压碎指标值			%
六、表观密度			kg/m³
七、堆积密度			kg/m³
八、碱活性指标			
九、其他			

结论：

批　准		审　核		试　验	
试验单位					
报告日期					

本表由试验单位提供，建设单位、施工单位、城建档案馆各保存一份。

混凝土外加剂试验报告

表 C4-13

编　号	
试验编号	
委托编号	

工程名称		试样编号	
委托单位		试验委托人	
产品名称		生产厂		生产日期	
代表数量		来样日期		试验日期	
试验项目					

	试验项目	试验结果
试验结果		

结论：

批　准		审　核		试　验	
试验单位					
报告日期					

本表由试验单位提供，建设单位、施工单位、城建档案馆各保存一份。

混凝土掺合料试验报告

表 C4-14

编　　号	
试验编号	
委托编号	

工程名称		试样编号	
委托单位		试验委托人	
掺合料种类		等　　级		产　　地	
代表数量		来样日期		试验日期	

试验结果	一、细度	1. 0.045mm方孔筛筛余		%
		2. 80μm方孔筛筛余		%
	二、需水量比			
	三、吸铵值			%
	四、28d水泥胶砂抗压强度比			
	五、烧失量			%
	六、其他			

结论：

批　准		审　核		试　验	
试验单位	
报告日期	

本表由试验单位提供，建设单位、施工单位各保存一份。

防水涂料试验报告

表 C4-15

			编　　号	
			试验编号	
			委托编号	
工程名称及部位			试件编号	
委托单位			试验委托人	
种类、型号			生产厂	
代表数量		来样日期		试验日期

试验结果	一、延伸性				mm
	二、拉伸强度				MPa
	三、断裂伸长率				%
	四、粘结性				MPa
	五、耐热度	温度(°C)		评定	
	六、不透水性				
	七、柔韧性(低温)	温度(°C)		评定	
	八、固体含量				%
	九、其他				

结论：

批　准		审　核		试　验	
试验单位					
报告日期					

本表由试验单位提供,建设单位、施工单位各保存一份。

防水卷材试验报告

表 C4-16

编　号	
试验编号	
委托编号	

工程名称及部位		试件编号	
委托单位		试验委托人	
种类、等级、牌号		生产厂	
代表数量		来样日期		试验日期	

试验结果	一、拉力试验	1. 拉力(N)	纵	N	横	N
		2. 拉伸强度	纵	MPa	横	MPa
	二、断裂伸长率(延伸率)		纵	%	横	%
	三、耐热度	温度(℃)		评定		
	四、不透水性					
	五、柔韧性(低温柔性、低温弯折性)	温度(℃)		评定		
	六、其他					

结论：

批　准		审　核		试　验	
试验单位					
报告日期					

本表由试验单位提供,建设单位、施工单位各保存一份。

砖(砌块)试验报告

表 C4-17

		编　号	
		试验编号	
		委托编号	

工程名称		试样编号	
委托单位		试验委托人	
种　类		生产厂	
强度等级	密度等级	代表数量	
试件处理日期	来样日期	试验日期	

试验结果	烧结普通砖			
	抗压强度平均值 f（MPa）	变异系数 $\delta \leqslant 0.21$		变异系数 $\delta > 0.21$
		强度标准值 f_k（MPa）		单块最小强度值 f_k（MPa）
	轻集料混凝土小型空心砌块			
	砌块抗压强度（MPa）			砌块干燥表观密度（kg/m³）
	平均值	最小值		
	其他种类			
	抗压强度（MPa）			抗折强度（MPa）
	平均值	最小值	大面 / 条面	平均值	最小值

平均值	最小值	大面		条面		平均值	最小值
		平均值	最小值	平均值	最小值		

结论：

批　准		审　核		试　验	
试验单位					
报告日期					

本表由试验单位提供，建设单位、施工单位、城建档案馆各保存一份。

轻骨料试验报告

表 C4-18

编　　号	
试验编号	
委托编号	

工程名称		试样编号	
委托单位		试验委托人	
种　　类		密度等级		产　　地	
代表数量		来样日期		试验日期	

试验结果	一、筛分析	1. 细度模数(细骨料)	
		2. 最大粒径(粗骨料)	mm
		3. 级配情况	□连续粒级 □单粒级
	二、表观密度		kg/m³
	三、堆积密度		kg/m³
	四、筒压强度		MPa
	五、吸水率(1h)		%
	六、粒型系数		
	七、其他		

结论：

批　准		审　核		试　验	
试验单位					
报告日期					

本表由试验单位提供，施工单位保存。

混凝土开盘鉴定
表 C5-10

工程名称及部位					鉴定编号		
施工单位					搅拌方式		
强度等级					要求坍落度		
配合比编号					试配单位		
水灰比					砂率(%)		
材料名称	水泥	砂	石	水	外加剂	掺合料	
每 m³ 用料（kg）							
调整后每盘用料（kg）	砂含水率　%　　石含水率　%						

鉴定结果	鉴定项目	混凝土拌合物性能			混凝土试块抗压强度（MPa）	原材料与申请单是否相符
		坍落度	保水性	黏聚性		
	设 计					
	实 测					

鉴定结论：

建设(监理)单位	混凝土试配单位负责人	施工单位技术负责人	搅拌机组负责人
鉴定日期			

采用现场搅拌混凝土的工程,本表由施工单位填写并保存。

土工击实试验报告
表 C6-4

编 号	
试验编号	
委托编号	

工程名称及部位		试样编号	
委托单位		试验委托人	
结构类型		填土部位	
要求压实系数(λ_c)		土样种类	
来样日期		试验日期	

试验结果	最优含水量(ω_{op}) = %
	最大干密度(ρd_{max}) = g/cm³
	控制指标(控制干密度) 最大干密度 × 要求压实系数 = g/cm³

结论：

批　准		审　核		试　验	
试验单位					
报告日期					

本表由建设单位、施工单位、城建档案馆各保存一份。

回填土试验报告

表 C6-5

编 号	
试验编号	
委托编号	

工程名称及施工部位			
委托单位		试验委托人	
要求压实系数 (λ_c)		回填土种类	
控制干密度 (ρ_d)	g/cm³	试验日期	

步数 \ 点号 \ 项目								
	实测干密度(g/cm³)							
	实测压实系数							

取样位置简图(附图)

结论:

批 准		审 核		试 验	
试验单位					
报告日期					

本表由建设单位、施工单位、城建档案馆各保存一份。

钢筋连接试验报告

表 C6-6

编　　号	
试验编号	
委托编号	

工程名称及部位		试件编号	
委托单位		试验委托人	
接头类型		检验形式	
设计要求接头性能等级		代表数量	
连接钢筋种类及牌号		公称直径	(mm)原材试验编号
操作人		来样日期	试验日期

接头试件			母材试件		弯曲试件			备注
公称面积 (mm^2)	抗拉强度 (MPa)	断裂特征及位置	实测面积 (mm^2)	抗拉强度 (MPa)	弯心直径 (mm)	角度	结果	

结论：

批　准		审　核		试　验	
试验单位					
报告日期					

本表由建设单位、施工单位、城建档案馆各保存一份。

砂浆配合比申请单
表 C6-7

编　号	
委托编号	

工程名称			
委托单位		试验委托人	
砂浆种类		强度等级	
水泥品种		厂　别	
水泥进场日期		试验编号	
砂产地	粗细级别	试验编号	
掺合料种类		外加剂种类	
申请日期	年　月　日	要求使用日期	年　月　日

砂浆配合比通知单
表 C6-7

配合比编号	
试配编号	

强度等级		试验日期	年　月　日
配　合　比			

材料名称	水泥	砂	白灰膏	掺合料	外加剂
每立方米用量（kg/m³)					
比例					

注：砂浆稠度为 70～100mm，白灰膏稠度为 120±5mm。

批　准		审　核		试　验	
试验单位					
报告日期					

本表由施工单位保存。

砂浆抗压强度试验报告

表 C6-8

编　号	
试验编号	
委托编号	

工程名称及部位		试件编号	
委托单位		试验委托人	
砂浆种类		强度等级		稠　度	
水泥品种及强度等级			试验编号		
砂产地及种类			试验编号		
掺合料种类			外加剂种类		
配合比编号					
试件成型日期		要求龄期	d	要求试验日期	
养护方法		试件收到日期		试件制作人	

<table>
<tr><th rowspan="2">试验结果</th><th rowspan="2">试压日期</th><th rowspan="2">实际龄期(d)</th><th rowspan="2">试件边长(mm)</th><th rowspan="2">受压面积(mm²)</th><th colspan="2">荷载(kN)</th><th rowspan="2">抗压强度(MPa)</th><th rowspan="2">达设计强度等级(%)</th></tr>
<tr><th>单块</th><th>平均</th></tr>
<tr><td></td><td></td><td></td><td></td><td></td><td></td><td></td><td></td></tr>
<tr><td></td><td></td><td></td><td></td><td></td><td></td><td></td><td></td></tr>
<tr><td></td><td></td><td></td><td></td><td></td><td></td><td></td><td></td></tr>
</table>

说明：

批　准		审　核		试　验	
试验单位					
报告日期					

本表由建设单位、施工单位各保存一份。

砌筑砂浆试块强度统计、评定记录

表 C6-9

编　号

工程名称			强度等级	
施工单位			养护方法	
统计期	年 月 日至 年 月 日		结构部位	
试块组数 n	强度标准值 f_2（MPa）	平均值 $f_{2,m}$（MPa）	最小值 $f_{2,\min}$（MPa）	$0.75f_2$

每组强度值（MPa）								

判定式	$f_{2,m} \geqslant f_2$	$f_{2,\min} \geqslant 0.75f_2$
结果		

结论：

批　准	审　核	统　计
报告日期		

本表由建设单位、施工单位、城建档案馆各保存一份。

混凝土配合比申请单
表 C6-10

编　号	
委托编号	

工程名称及部位					
委托单位			试验委托人		
设计强度等级			要求坍落度、扩展度		
其他技术要求					
搅拌方法		浇捣方法		养护方法	
水泥品种及强度等级		厂别牌号		试验编号	
砂产地及种类				试验编号	
石子产地及种类		最大粒径	mm	试验编号	
外加剂名称				试验编号	
掺合料名称				试验编号	
申请日期		使用日期		联系电话	

混凝土配合比通知单
表 C6-10

配合比编号	
试配编号	

强度等级		水胶比		水灰比		砂率	
项目＼材料名称	水泥	水	砂	石	外加剂	掺合料	其他
每 m³ 用量 (kg/m³)							
每盘用量(kg)							
混凝土碱含量(kg/m³)	注：此栏只有遇Ⅱ类工程(按京建科[1999]230号规定分类)时填写						
说明：本配合比所使用材料均为干材料，使用单位应根据材料含水情况随时调整。							
批　　准			审　　核			试　　验	
报告日期							

本表由施工单位保存。

混凝土抗压强度试验报告

表 C6-11

			编　号	
			试验编号	
			委托编号	
工程名称及部位			试件编号	
委托单位			试验委托人	
设计强度等级			实测坍落度、扩展度	
水泥品种及强度等级			试验编号	
砂种类			试验编号	
石种类、公称直径			试验编号	
外加剂名称			试验编号	
掺合料名称			试验编号	

配合比编号					
成型日期		要求龄期	d	要求试验日期	
养护方法		收到日期		试块制作人	

试验结果	试验日期	实际龄期(d)	试件边长(mm)	受压面积(mm²)	荷载(kN) 单块值	荷载(kN) 平均值	平均抗压强度(MPa)	折合150mm立方体抗压强度(MPa)	达到设计强度等级(%)

结论：

批　准		审　核		试　验	
试验单位					
报告日期					

本表由建设单位、施工单位各保存一份。

混凝土试块强度统计、评定记录

表 C6-12

工程名称					强度等级	
施工单位					养护方法	
统计期	年 月 日至 年 月 日				结构部位	

试块组数 n	强度标准值 $f_{cu,k}$ (MPa)	平均值 $m_{f_{cu}}$ (MPa)	标准差 $S_{f_{cu}}$ (MPa)	最小值 $f_{cu,min}$ (MPa)	合格判定系数	
					λ_1	λ_2

每组强度值（MPa）						

评定界限	□统计方法（二）			□非统计方法	
	$0.90 f_{cu,k}$	$m_{f_{cu}} - \lambda_1 \times S_{f_{cu}}$	$\lambda_2 \times f_{cu,k}$	$1.15 f_{cu,k}$	$0.95 f_{cu,k}$
判定式结果	$m_{f_{cu}} - \lambda_1 \times S_{f_{cu}} \geq 0.90 f_{cu,k}$	$f_{cu,min} \geq \lambda_2 \times f_{cu,k}$		$m_{f_{cu}} \geq 1.15 f_{cu,k}$	$f_{cu,min} \geq 0.95 f_{cu,k}$

结论：

批　　准	审　　核	统　　计
报告日期		

本表由建设单位、施工单位、城建档案馆各保存一份。

混凝土抗渗试验报告

表 C6-13

编　号	
试验编号	
委托编号	

工程名称及部位				试件编号	
委托单位				委托试验人	
抗渗等级				配合比编号	
强度等级		养护条件		收样日期	
成型日期		龄期		试验日期	
试验情况：					
结论：					
批　准		审　核		试　验	
试验单位					
报告日期					

本表由建设单位、施工单位、城建档案馆各保存一份。

标准养护室温湿度记录 B18

序号	日期				实测		备注	检查人	序号	日期				实测		备注	检查人
	月	日	时	分	温度	湿度				月	日	时	分	温度	湿度		

设备率定台账　　　　　　　B19

序号	设备名称	上次率定			本次率定			下次率定日期	备注
		日期	结果	检定单位	日期	结果	检定单位		

原材料(焊件)来样委托台账　　B20

委托编号	来样日期	委托单位	材料名称	试件编号	规格或等级	送样人	收样人	来样验收情况	试验编号	取表日取表人	备注

申请配合比委托台账

B22

委托编号	申请日期	申请单位	工程名称及部位	原材料委托编号	申请等级	送样人	收样人	来样验收情况	取表日取表人	配合比编号	备注

附录2 单位工程原材料试验登记台账

水泥试验登记台账　　表1

项目 序号	品种、标号	厂别、牌号	出厂编号	出厂日期	进场日期	试样编号	用量	送试日期	试验编号	领单日期	备注

钢筋试验登记台账　　　　表2

项目序号	种类	级别、规格	牌号	使用部位	用量	试件编号	送试日期	试验编号	领单日期	备注

砖(砌块)试验登记台账　　　表3

项目序号	强度等级	产地	施工部位	用量	试件编号	送试日期	试验编号	领单日期	备注

砂子、石子、防水卷材、防水涂料试验登记台账　　表4

	用量	送试日期	产地	试验编号	领单日期	筛分析	种类	含泥量	泥块含量	备注
砂子										
石子										

	工程部位	使用日期	用量	产地	标号	送试日期	试验编号	领单日期	备注
防水卷材									
防水涂料									

附录3 单位工程施工试验登记台账

混凝土、砂浆试验登记台账　　　表1

工程名称：　　　建筑类型：　　　建筑面积：　　　层数：
开工日期：　　　主体竣工日期：　　　竣工日期：

序号	层数	施工部位	强度等级	配合比编号	施工日期	坍落度	制模日期	养护条件	龄期	试件编号	送样日期	试验编号	领单日期	备注
1	基础													
2	一层													
3	二层													

续表

工程名称：					建筑类型：				建筑面积：				层数：	
开工日期：					主体竣工日期：				竣工日期：					
序号	层数	施工部位	强度等级	配合比编号	施工日期	坍落度	制模日期	养护条件	龄期	试件编号	送样日期	试验编号	领单日期	备注
4	三层													
5	四层													
6	五层													
7	六层													

钢材连接试验登记台账　　　　　表2

项目序号	钢材种类	级别规格	牌号	产地	连接类型及接头型式	部位	接头数量	试件编号	原材试验编号	焊条型号	焊接操作人	试验编号	备注

附录4 各种试验必试项目和取样方法及数量

材料名称	必试项目	取样方法及数量	需要时间
水泥	安定性 胶砂强度 凝结时间	以同一水泥厂、同品种、同强度等级、同一出厂时间、同一进场时间，≤200t为一验收批，取样1组。从20个以上不同部位或20袋中取同等量样品拌合均匀总量12kg	10~33d
砂子	筛分析 含泥量 泥块含量	以同一产地、同一规格、同一进场时间，≤400m^3或600t为一验收批，取样一组22kg。取样部位应均匀分布，在料堆上从8个不同部位抽取等量试样（每份11kg，然后用四分法缩至22kg。取样前先将取样部位表面铲除）	3~5d
石子	筛分析 含泥量 泥块含量 针片状颗粒的总含量 压碎指标值	以同一产地、同一规格、同一进场时间，≤400m^3或600t为一验收批，取样一组40kg（最大粒径10、15、20mm）或80kg（最大粒径30、40mm），取样部位应均匀分布。在料堆上从5个不同的部位抽取大致相等的试样15份（在料堆的顶部、中部、底部），每份5~10kg，然后缩分至40kg或80kg送试	3~5d
轻骨料	粗细骨料筛分析 粗细骨料堆积密度 粗细骨料筒压强度 粗骨料吸水率	以同一产地、同一规格、同一进场时间，≤300m^3为一验收批。取样1组，最大粒径≤20mm，取0.06m^3、最大粒径≥20mm取0.08m^3。试样可以从料堆自上下而不同部位、不同方向任选10点（袋装料应从10袋中抽取），应避免离析及面层材料	3~7d
水性沥青基防水涂料	延伸性 柔韧性 耐热性 不透水性 固体含量	以同一生产厂、同一品种、同一等级涂料为一验收批，取样桶数应不低于$\sqrt{\frac{n}{2}}$桶（n为交货产品的桶数）每验收批取样2kg。将整桶样品搅拌均匀后，用取样器在液面上、中、下3个不同水平部位取相同量的样品进行再混合并搅拌均匀	5~10d

续表

材料名称	必试项目	取样方法及数量	需要时间
聚氨酯防水涂料	拉伸强度 断裂时的延伸率 低温柔性 不透水性 固体含量	以同一生产厂、同一品种、同一进场时间的甲组分，≤5t为一验收批，乙组分按产品重量配比相应增加。取样的桶数不低于$\sqrt{\dfrac{n}{2}}$桶（取样方法同上），甲、乙组分取样方法相同，分装不同的容器中	5~10d
弹性体改性沥青防水卷材（SBS）	拉力试验 断裂延伸率 不透水性 耐热度 柔度	以同生产厂、同一品种、同一标号的产品不超过1000卷为一验收批。将一卷卷材切除距外层卷头2.5m后，顺纵向切取0.8m的全幅卷材试样二块	5~10d
三元乙丙防水卷材	拉伸强度 扯断伸长率 不透水性 脆性温度 耐热度	以同一生产厂、同一规格、同一等级的卷材，不超过3000m为一验收批。抽取一卷，截去端头0.3m纵向截取1.8m，做测定厚度和物理性能试验用样品	5~10d
聚氯乙烯防水卷材	拉伸强度 断裂伸长率 低温弯折性 抗渗透性	以同一生产厂、同一类型、同一规格的卷材，不超过500m²为一验收批，抽取1卷截去端头0.3m纵向截取3.0m用于测定厚度和试验用	5~10d
氯化聚乙烯防水卷材	拉伸强度 断裂伸长率 低温弯折性 抗渗透性	以同一生产厂、同一类型、同一规格的卷材，≤500m²为一验收批。经检验合格取卷材1卷，在距端头0.3m处截取3.0m用于测定厚度和试验用	5~10d
钢筋原材	拉力试验 （屈服点、极限强度、伸长率） 冷弯 化学分析	以同一厂别、同规格、级别、进厂时间≤60t为一验收批，取样1组（2根拉力试件2根冷弯试件）试件应在两根钢筋上截取（在每根钢筋距端头不小于50cm处截取，每根钢筋上截取1根拉力试件,1根冷弯试件。另取1根做化学分析	1~3d

续表

材料名称	必试项目	取样方法及数量	需要时间
连接钢筋	拉力 弯曲	1. 班中焊试件:在正式焊接前,按同一焊工、同钢筋级别、规格、同焊接型式,每一批取样试件1组。 2. 班中焊试件:单位工程、同一焊工、同钢筋级别、规格、同一焊接型式;①闪光对焊≤200个接头为一验收批。取样一组,3个拉力试件、3个弯曲试件。试件长度:拉力试件$8d+200$mm,弯曲试件$6.5d+150$mm。②电弧焊接头(帮条焊、搭接焊),≤300个接头为一验收批。取试样1组(3个拉力试件),试件长度为帮条焊或搭接焊长度为$5d+200$mm。③电渣压力焊:一般构筑物以单位工程计≤300个接头,现浇钢筋混凝土框架结构按每层计≤300个接头为一验收批。取样1组(3个拉力试件),试件长度为$8d+200$mm。④钢筋气压焊≤200个接头为一验收批。取样1组(3个拉力试件、3个冷弯试件必要时做弯曲试验),试件长度为$8d+200$mm	1~3d
回填土	压实系数 (干密度、含水量、击实试验)	(1)在压实填土的过程中,应分层取样检验土的干密度和含水率。 ①基坑每50~100m²应不少于1个检验点。 ②基槽每10~20m应不少于1个检验点。 ③每一独立基础下至少有1个检验点。 ④对灰土、砂和砂石、土工合成、粉煤灰地基等,每单位工程不应少于3点,1000m²以上的工程每100m²至少有1点,3000m²以上的工程,每300m²至少有1点。 (2)场地平整: 每100~400m²取1点,但不应少于10点;长度,宽度,边坡为每20m取1点,每边不应少于1点。 注:当用环刀取样时,取样点应位于每层2/3的深度处。	1~3d
土壤击实试验	最大干密度 最佳含水率	取原土样20kg(密封)。保持自然含水率	5~7d

续表

材料名称	必试项目	取样方法及数量	需要时间
普通混凝土	配合比	委托单位必须将原材料(水泥、砂、石、外加剂等)及申请单一并送试(原材料一律用袋装并写好标签)。原材料取样方法如前所述。原材数量:申请≤3个强度等级送水泥50kg,砂80kg,石子150kg增加1个强度等级,水泥增加15kg,砂20kg,石子30kg(抗渗混凝土数量加倍)	7~35d
普通混凝土	强度试验 坍落度测定	普通混凝土强度试验以同一强度等级、同一配合比、同种原材料:①每拌制100m³;②每一工作台班;③每一流水段为一取样单位留置标准养护试块不得少于1组(3块),并根据需要制作相应组数的同条件试块。制作方法按GB50081—2002规定,并同时测定混凝土坍落度(按GB50080—2002方法规定)。试样要有代表性。在搅拌后第3盘至结束前30min之间取样每组试件(包括同条件试件)应取自1次拌制混凝土的拌合物(应在浇筑地点制作试块)标准养护试块拆模后,立即送标准养护室	按龄期
防水混凝土及配合比	强度试验 抗渗试验 坍落度测定	防水混凝土的抗压强度试块的留置方法和数量按"强度试验"抗渗试块的留置。以同一强度等级,同一抗渗等级,同一配合比,同种原材料每单位工程不得少于2组(每组6个试件),试块在浇筑地点制作。试样要有代表性,每组试样包括同条件试块强度试块必须取自同一次拌制的混凝土拌合物。试件成型24h拆模用钢丝刷刷去两端水泥浆膜,然后送入标准养护室	30~90d
强度	回弹	委托单位提出申请,并提供检测部位及技术资料	

续表

材料名称	必试项目	取样方法及数量	需要时间
砌筑砂浆	配合比	委托单位必须把原材料(水泥、砂、掺合料、外加剂等)及申请单一道送试(原材料一律用袋装)并写好标签。原材取样方法如前所述。 取样数量:申请1个强度等级取水泥15kg,砂20kg,掺合料5kg。增加1个强度等级,水泥增加2kg,砂10kg,掺合料1kg	7~35d
	强度 稠度试验	以同一砂浆强度等级、同一配合比、同种原材料每一楼层或250m³砌体(基础砌体可按一个楼层计)为一取样单位。每一取样单位标准养护试块的留置不得少于两组(每组6块)同条件养护试块,备用试块均不得少于一组。 试样要有代表性:标养试块、同条件试块、备用试块必须取自同一次拌制的砌筑砂浆拌合物。 试块制作按 GB50203—2002 规定方法。标准养护试块拆模后立即送标准养护室	按龄期